YOUTH WISDOM

魏世杰爷爷讲故事
奇趣海洋

魏世杰 著

热爱科学
志在宇宙

魏世杰

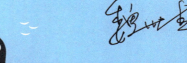

电子工业出版社·
Publishing House of Electronics Industry
北京·BEIJING

图书在版编目（CIP）数据

奇趣海洋 / 魏世杰著 . -- 北京 ： 电子工业出版社，
2025. 4. -- ISBN 978-7-121-50044-2

Ⅰ．P7-49

中国国家版本馆 CIP 数据核字第 2025X81N59 号

责任编辑：马　杰　　文字编辑：吴宏丽
印　　刷：北京瑞禾彩色印刷有限公司
装　　订：北京瑞禾彩色印刷有限公司
出版发行：电子工业出版社
　　　　　北京市海淀区万寿路 173 信箱　邮编：100036
开　　本：720×1000　1/16　印张：8　字数：153.6 千字
版　　次：2025 年 4 月第 1 版
印　　次：2025 年 4 月第 1 次印刷
定　　价：39.80 元

凡所购买电子工业出版社图书有缺损问题，请向购买书店调换。若书店售缺，
请与本社发行部联系，联系及邮购电话：（010）88254888，88258888。

质量投诉请发邮件至 zlts@phei.com.cn，盗版侵权举报请发邮件至 dbqq@phei.com.cn。

本书咨询联系方式：（0532）67772605，majie@phei.com.cn。

"两弹一星"核武老人魏世杰爷爷今年已84岁高龄，他的一生堪称传奇。作为科研专家，他将前半生的26年奉献给了核武器研究，多项成果荣获国家奖励；后半生则投身科普创作，笔耕不辍，屡获国家科普大奖。如今，电子工业出版社与魏世杰爷爷携手，精选其最优秀的科普作品，隆重推出"魏世杰爷爷讲故事"丛书。这套丛书共8册，涵盖天空、海洋、自然、航空、航天、原子、科幻、百科等领域，堪称一部适合少年儿童阅读的小百科全书。

2025年年初，丛书中的《原子之谜》和《奇趣自然》率先面世，不到一周销量便突破2万册，足见读者对这套图书的喜爱。许多读者纷纷留言，期待其余各册尽快出版，以满足孩子们对科学知识的渴望。

科学普及是全社会共同关注的话题。著名科普作家叶永烈先生曾形象地比喻，科普作家的职责就像输电线路中的变压器。科学研究的论文和学术专著往往深奥难懂，如同"高压电"，难以被普通百姓接受；而科普作家通过通俗易懂的语言，将其转化为"低压电"，使其走进千家万户。魏世杰爷爷正是这样一位杰出的"变压器"。

这套丛书的最大特色，在于寓科学于故事之中。故事是科普的最佳载体，尤其对青少年而言更是如此。阅读魏爷爷的故事，绝不会感到枯燥乏味。他以生动的语言讲述跌宕起伏的情节，设置引人入胜的悬念，令人爱不释手。他的作品"假小说之能力，披优孟之衣冠"，让读者在不知不觉中"获一斑之智识"，从而对科学产生浓厚兴趣，萌发走进科学殿堂的强烈愿望。

叶永烈先生曾称赞魏世杰的科普作品为"中国科普园中一丛独具特色的鲜花"。这些作品中，有多篇入选大中小学语文阅读课本，甚至成为高考语文模拟试卷的阅读材料。

这套丛书不仅是知识传递的载体，更将科学探索的精神与科学史的宏大叙事融为一体，弘扬了人类在科学探索过程中实事求是的态度，以及不畏艰险、勇于攀登的大无畏精神。这对青少年的身心成长和人格培养具有重要意义。正如魏世杰爷爷所言："真正的科学探索，是星辰大海的仰望与脚下荆棘的共生。"

翻开这套丛书，小朋友们将开启的不仅是一段科学认知之旅，更是一次与共和国科技拓荒者的灵魂对话。愿这些文字如星辰指引航向，如原子激发能量，让科学之光照亮更多探索者的前行之路。

目录

鲸"自杀"之谜

　　1946 年 10 月 10 日，对于阿根廷的马德普拉塔海水浴场来说，是个令人难忘的日子。这一天从中午开始，就有一头头的鲸冲向细软的沙滩。开始人们以为这是偶然现象，并未在意，但人们很快发现，后续的"鲸部队"还多得很。它们向沙滩冲去，前面的搁浅了，痛苦地挣扎和呻吟着，后面的却毫不理会，继续冲上来，真可谓"前赴后继"。沙滩上鲸尸横陈，令人触目惊心。据统计，此次"自杀"的鲸有 835 头，其中有些雌鲸还带着幼鲸。它们多数在当天就悲惨地死去了，只有少数几头侥幸活到第二天。更令人迷惑不解的是，当人们把在沙滩上挣扎的鲸重新送入海中时，它们又固执地冲上沙滩，好像非死不可。

　　这种现象古来有之。2000 多年前，古希腊学者亚里士多德就曾记载过这种现象。我国也有多次这样的记录。1978 年辽宁省的金州湾有 15 头鲸冲滩"自杀"；1985 年

12 月 21 日，福建省的秦屿镇搁浅了 12 头抹香鲸。

"自杀"这个词之所以被人们用来描述鲸的这种行为，是因为鲸的行为看起来确实如此。1955 年 3 月 14 日，奥克尼群岛附近有一群领航鲸在游弋。从地形来看，它们完全可以从北面和东面游向大海，但它们却毅然舍生求死，选择搁浅在多石的海岸。此次"自杀"的领航鲸共有 53 头，其排列颇为整齐，两头鲸之间的距离约为 50 米。

鲸搁浅的原因是什么？科学家们至今争论不休，莫衷一是。

有人认为是地形过于平缓，鲸因弄不清准确位置而迷航搁浅；有人认为是这些地方的磁场异常，鲸游动时受地磁场影响而迷航；也有人认为与地磁场关系不大，而是太阳出现黑子或耀斑等剧烈活动时，鲸灵敏的"声呐探测系统"受到的干扰较大，难免出点故障；还有人认为，鲸有互助的特性，只要一头鲸搁浅，其他鲸就会不顾一切地前来救援，于是引起了悲剧。

还有两个看法引起了人们的广泛关注。

一是说鲸患病了，而且病得不轻。这些病魔缠身的鲸无力驾驭风浪，而在岸边喘气比较容易一些，不必每喘一口气就挣扎着浮出水面。人们解剖了一些"自杀"的鲸，发现有的鲸体内寄生虫很多，有的鲸患有肠内瘤，有的鲸患有动脉硬化……当鲸患有如此严重的病症时，摄食能力必然下降，营养不良使身体进一步虚弱不堪。在这种情况下，它们与其痛苦地苟延残喘，倒不如一死了之。

二是"返祖说"。从生物演化的观点来看，鲸的祖先本是生活在陆地上的，大致在8000万年前才开始"下水"。在从陆生到完全水生的漫长过程中，它们曾经过着水陆两栖的生活。当它们在水里遇到危险或不利情

况时，如身体受伤、患病或水下遭追捕及其他特殊情况时，就会逃上陆地避难。这种本能有可能延续和继承下来。一旦出现危急情况，其神经系统受恐惧、兴奋等情绪的驱使，这种本能的力量就显示出来了。但它们不知道，它们的身体已经发生了巨大变化，于是悲剧就此降临。

会唱歌的鲸

美国马萨诸塞州的两位女科学家琳达·吉尼和凯瑟琳·佩恩，对人们长期以来录下的鲸的声音进行分析，研究这些声音的规律，从中整理出548首"鲸歌"并予以出版，其中460首来自北太平洋的鲸，88首来自北大西洋的鲸。这是人类出版的第一部动物"歌曲集"。

鲸会"唱歌"。当然，它们不像人类那样有丰富的词汇，但它们的确可以通过声音彼此沟通。科学家用仪器记录下鲸发出的各种声音，发现鲸通过这些声音传递喜怒哀乐和健康情况等信息。

抹香鲸见面时会发出一连串的"咔嗒"声，且对不同的对象发出的"咔嗒"声也是有区别的。研究者称之为"符尾"。这大概也是一种打招呼的方式吧！

须鲸会唱歌，每一群须鲸唱的歌会随时间变化，但在一段时间内相对稳定。须鲸中唱歌的是雄鲸，歌的含意大概和雄鸟鸣啭一样，为赢得雌性的欢心。或者说，这"鲸歌"实际上是"情歌"。

须鲸，特别是须鲸中的座头鲸，一唱就是半个小时，其音域十分宽广，高昂时像工厂的高音汽笛，低沉时像混响的号角。人类还没有如此宽音域的歌声。

"鲸歌"可划分成若干短句，这些短句往往重复出现，很像人类古典乐曲的规则。"鲸歌"的每一个音都拖得较长，如果将"鲸歌"的录音加快14倍播放出来，则很像夜莺的"小夜曲"，相当优美。

有趣的是，有些"鲸歌"的每一句结尾还有押韵的音调。两位女科学家发现，"鲸歌"如果很短，则没有什么

韵脚；只有复杂的"鲸歌"才会出现韵脚。在人类文明中，一段押韵的文字或歌曲更容易被记住。"鲸歌"的押韵是不是也有这方面的因素？两位女科学家认为是这样的，鲸用韵脚来帮助它们记住复杂的"鲸歌"。然而，她们的判断正确与否现在还无法证明，因为鲸不能回答人类的任何问题。

唱歌并非鲸的"专利"，海洋中能唱歌的鱼类也有不少，只不过"作曲水平"有高有低而已。鱼类通常在产卵期唱得最欢。有一种虾虎鱼，雄鱼先在石头底下找到一个适合产卵的小洞穴，然后开始"唱歌"。它先是小声"呱呱"地叫，继而大声"呱呱"地叫，声音越来越激昂，它还会发出"吱吱"的尖叫声。这些歌和"鲸歌"相比，其悠扬动听的程度就差远了，但对雌鱼来说，却颇有吸引力。雌鱼会选中一条雄鱼。"新娘"发出"啾啾"声后，便会钻进"新郎"准备的"洞房"中……

鲸"复仇"记

鲸有记忆力吗？下面的故事可能给我们一个答案。

有一艘捕鲨船在大西洋上游弋。队长诺伦发现了一头鲸，他命令船员安妮快配上麻药。安妮劝他说："这是一头杀人鲸，又叫逆戟鲸。杀人鲸对配偶从一而终。杀害一头鲸就会破坏一个家庭。"但诺伦不听劝告，拿起装好麻药的鱼叉就扔了过去，碧蓝的海水顿时一片血红。

被击中的是一头雌鲸。当诺伦下令用吊索把它吊上甲板时，从它的腹内挤出一个肉团。原来是一头未发育好的小鲸。这一幕悲惨的情景被一直徘徊在捕鲨船周围的雄鲸看到了。那头雄鲸愤怒了，用力拱顶这艘船。船剧烈地摇晃着，随时都有倾覆的危险。诺伦惊慌地喊道："快把雌鲸扔到海里去，否则船会沉的！"老水手罗域爬上吊杆，割断绳索。就在雌鲸落入水中的一刹那，雄鲸突然跃起，一口把罗域咬住，拖到海里去了。

雄鲸的"报复"并没有到此结束。当诺伦的捕鲨船停泊在南港渔村时，那头雄鲸跟踪而来，一次次袭击岸边的船只。有一艘装备极好的新船，被它一拱掀翻了。还有一次，它冲垮了一间海边的小屋，使油灯破碎，引起了大火。

渔村的渔民知道了诺伦是这起灾祸的根源后，一致要求诺伦去同鲸决战，或者让他杀死那头雄鲸，或者让鲸把他吃掉，不能给他留下任何退路，否则渔村将永无宁日。

诺伦的捕鲨船在渔民的抗议声中驶出了渔村。诺伦命令将船开到上次杀害雌鲸的地方。他决心同雄鲸决一死战。快接近目的地时，雄鲸来了。

这头雄鲸并没有立即发动攻击。它平静地游了过去。诺伦下令跟着这头鲸走。就在这时，那头雄鲸突然掉转头，猛地向船上扑来，腾空跃起，将一名船员拖下海去。然而，雄鲸并未善罢甘休，它发出可怕的嗥叫声。诺伦见自己的船员被鲸拖走，怒从中来，紧追不舍。

第二天黎明，诺伦发现船跟着雄鲸来到了贝尔岛海峡，前面就是冰海了，有许多冰山和大块浮冰。诺伦暗自高兴。他认为，鲸在冰下无法呼吸。看来，这家伙游进了绝地，捕杀它的时机到了！

杀人鲸露出头来，诺伦将手中的鱼叉飞快掷去。叉着了！血冒了出来。狂怒的鲸吼叫着，带着鱼叉离去。但就在这时，船撞上了冰山，眼看就要沉没了。诺伦在最后时刻跳到了一块浮冰上。

他随身携带着无线电通话机，可以向最近的雷达站呼救，可谁知那雄鲸并没有游远。它看到了诺伦，转回来把浮冰掀起来，把站在浮冰上的诺伦掀进了大海，然后用尾部将诺伦抬起，把他摔死在了冰山上。

这个故事似乎有些离奇。不过，鲸的这类表现，在许多航海家和捕鲸者的记载中都有充分的描述。

鲸并不是天生要同人类作对的。上面的故事中，那头雄鲸表现出的凶狠，起因于人们对其配偶的残害。有的鲸在驯兽员的指挥下，可以做各种表演，成为受人类喜爱的"明星"。有的鲸能根据人的指令去深海打捞鱼雷和火箭。有人还设想驯化一批鲸，让其在未来的"海洋牧场"里担当"牧犬"的角色。由此可见，人和鲸之间还是可以"和为贵"的。

归心似箭的鱼和龟

人类的情感中有浓厚的恋乡情结，如"叶落归根""每逢佳节倍思亲"等。海里的动物也有归心似箭的，大马哈鱼就是其中之一。

大马哈鱼又称鲑鱼，其产卵地点在江河里，而它们的生活地点却主要在大海里。当它们发育成熟后，就会不远千里回到它们的出生地进行繁殖。这种"返乡"活动也使它们获得了"出色的鱼类旅行家"的美誉。

当秋风吹皱水面的时候，"侨居"在太平洋里的大马哈鱼全身的色彩由银白色变得绚丽多彩，它们成群结队地从大海进入河口，溯河而上，开始了艰难曲折的旅行。它们的旅行路线通常是固定不变的。太平洋西侧的大马哈鱼通常游过鄂霍次克海，绕过萨哈林岛（库页岛），穿过鞑靼海峡，最终进入黑龙江、乌苏里江等江河。

这段旅程听起来简单，但真游起来可不容易。它们要

游过漫长的路程，以每昼夜50多千米的速度逆流而上。它们披星戴月，穿波斗浪，奋力行进，即使遇上浅滩峡谷、激流瀑布也毫不退缩。为了越过障碍，它们有时得侧着身体游动，有时要跳出水面2米多高，甚至可能因为撞击到石壁而受伤或死亡。

　　大马哈鱼的旅行有一张准确的时间表，年年如此。在黑龙江每年白露前后就会看到溯河旅行的鱼群，秋分前后鱼群便日趋减少。

它们的旅行组织得也似乎比较严格，有一定的年龄限制，仿佛经过挑选似的。鱼群中鱼的年龄一般为2~6岁，其中4岁的鱼占一半以上。体长50~80厘米，体重2~10千克，其中2~5千克的占主体。鱼的雌雄比例为55：45。

这种旅行的代价是惨重的。由于一路上吃不好、休息不好，能量消耗极大，到达出生地时，大马哈鱼往往极度消瘦，憔悴不堪。

回到出生地后，大马哈鱼顾不上休息，立即开展产卵的准备工作。雌鱼在产卵地用尾鳍左右摆动，借助水流冲击的作用，将沙砾向四周掘开，形成一个椭圆形的产卵坑。然后，雌鱼排卵，雄鱼排精。受精卵落入坑内后，鱼儿虽已筋疲力尽，但还要以微弱的余力，用尾鳍将沙砾覆盖在受精卵之上，以保护"儿女"的安全。然后，它们还要站好"最后一班岗"，为"儿女"巡游守护一番后，才默默死去。

这些受精卵到第2年2—3月份才能孵化出来。到5月，幼鱼便依依不舍地离开"故乡"，开始了从江河到大海的旅行。

海洋动物中回"故乡"进行繁殖的不仅有大马哈鱼，海龟也是如此。海龟不远万里地漂洋过海，回到"故乡"的海滩产卵。它们用后肢十分灵活地挖好坑，把卵产到坑里，然后用沙埋好。小海龟破壳而出后，就会自动地爬向大海，沿着先辈的路径去游历大洋。7~8年后性成熟了，它们不管身在何处，一定要排除万难，千方百计地回到"故乡"。

　　鱼也好，龟也好，它们为什么一定要回"故乡"去产卵？又为什么能准确地找到"故乡"呢？至今仍是未解之谜。当然，人们也企图做出一些解释。例如，有人认为，它们有自己的"罗盘"，能准确判别方向和位置；也有人认为，它们是根据对出生地的特殊记忆来实现洄游的，这种特殊记忆可以是气味，也可以是其他特征。但这些解释似乎都缺乏有力的证据。

归心似箭的鱼和龟

流蓝血的动物

　　海洋动物中奇形怪状的不少，这里讲的也许算不上最奇怪的，但它和诺贝尔奖挂上了钩，因此就有了不同寻常的意义。

　　这种动物名叫鲎（hòu）。据考证，鲎远在 4.5 亿年前的奥陶纪就已经出现了。亿万年过去了，它们仍然保持着老样子，这也算是大自然的一个奇迹了。

　　一般来说，动物的血液都是红色的，但是鲎的血液却是蓝色的。把鲎的腹部连接鲎壳周围的软组织割开，将躯体剥离，瓢状的甲壳底部便留下一摊蓝色的汁液，这就是鲎的血液。为什么鲎的血液是蓝色的呢？经检测，鲎的血液中没有红细胞、白细胞和血小板，只有单一的血细胞。这种细胞内含有铜元素，铜元素的存在让血液呈现蓝色。

　　我们知道，高等动物的血液功能完善。红细胞输送氧气，以保障机体新陈代谢的需要。白细胞与入侵的各种细菌"作战"，以抵御细菌对机体的侵犯。而鲎的血液中因为没有白细胞，所以这种血液经受不起任何细菌的进攻，一旦遇到细菌就立即凝固而"寿终正寝"了。

鲎的血液对细菌如此敏感，可不可以用它来检测细菌的存在呢？当然可以。科学家用鲎的血液制成了"鲎试剂"，可以用来快速而准确地检测细菌内毒素，在食品或制药工业中有广泛的应用。

鲎的身体分为三个部分，即头胸部、腹部和剑尾，整体看上去像一把秦琴。头胸部有发达的马蹄形背甲，剑尾似一把三角刮刀，挥动自如，是它们防身的得力武器。嘴巴长在胸甲的中间，周围有 6 对用于爬行的附肢。

鲎在沙地上爬行，动作十分缓慢，几乎一步一停。

人和动物大多只有两只眼睛，可鲎有 4 只眼睛。它的头胸部正中线的前端有一对较小的眼，在两侧还有一对由许多小眼组成的复眼。鲎的复眼中，小眼的数目有 800～1000 个，每个小眼的后面都有一根明显的视神经。

正是这些明显可见的视神经引起了美国纽约的一位大学教授霍尔登·凯弗·哈特兰的注意：可不可以通过对鲎的视觉功能的研究，揭示人的视觉的秘密呢？

哈特兰和同事将一个尖端只有一微米的微电极，插进鲎的视神经纤维中，从中引出神经的电信号，然后将这些微弱的信号放大、显示和记录。研究了一段时间，他们发现了一种奇特的"侧抑制"现象。这种现象表明，复眼中的每只小眼之间有相互作用，其功能是让"亮"的地方更亮，"暗"的地方更暗，从而更容易看清面前的物体。1967年的诺贝尔生理学或医学奖授予了哈特兰教授，以表彰他从"海中一怪"的视神经研究中揭开了视觉生理的一个秘密。

　　鲎的家庭生活颇为奇特。在自然界中，多数动物都是雄性身体健硕，雌性身材娇小。可鲎这类动物，雌的身形硕大，雄的身形瘦小。交配时，雄鲎会爬到雌鲎的背上，让"妻子"背着它。

它们的家通常建在潮间带的沙滩上。当它们营造好小窝后便开始生儿育女了。成年中国鲎一般生活在近海20～40米深处。雌鲎从它特有的两个生殖孔里排出如绿豆大小的卵，雄鲎则开始排精。卵在体外受精。受精卵在沙地里受太阳照射，渐渐孵化。经过四五十天，小鲎便破壳而出了。

鲎对"孩子"不管不问，产下卵后只在卵上覆盖一层薄沙就算完成任务了，之后便扬长而去。幸而它们的"子女"颇多，不至于损失殆尽，加上它们有坚硬的"盔甲"可以防身，所以一直生存了下来。

北极的"王"

　　说到北极，人们常常想到北极特有的动物——北极熊。北极熊又称白熊，现存的只有一种，分布在亚洲、欧洲、北美洲的北部沿海地区，其中包括北冰洋的大部分岛屿和格陵兰岛。

　　海豹是北极熊喜爱的食物。海豹常常在冰上挖一个供呼吸用的洞，每隔一段时间便从洞中探出头来呼吸。北极熊就在洞旁"守株待兔"，海豹一露头便被捉住。北极熊吃海豹时非常讲究。它们通常先剥掉海豹的皮，然后将其脂肪吃掉。至于肌肉和内脏，它们是不屑一顾的，一般留给尾随它们的北极狐享用。吃完后，北极熊会仔细地舔净它们的脚爪，把脸也擦拭干净，之后才大摇大摆地离开。

　　夏季来临，冰雪融化，海冰大大减少，北极熊的海上捕猎活动受限，它们只好在岸上四处游荡。这个时候，岸上的居民可要小心了。北极熊受饥饿的逼迫，会闯进居民

家里来。加拿大北部有一个小镇就常常受到骚扰，人们称之为"北极熊镇"。

北极熊的样子看似笨拙可笑。一般情况下，它们不会对人产生敌意，但人们见到北极熊时还是小心为妙。当看到北极熊时，奔跑并不是最好的办法，因为北极熊见到奔跑的动物，会情不自禁地去追赶。

北极熊体形硕大。据记载，最大的北极熊直立时有3米多高，体重超过1000千克。北极熊善于在海水中游泳，游速可达每小时10千米。它们潜泳的本领也不差，可5分钟不露出水面。

北极地区极其严寒，最冷可达零下70℃，寒风时速通常在50～80千米，极端情况下可能达到时速160千米。

为什么北极熊能在此安然生活呢？科学家研究发现，北极熊有一些抗寒的"绝招"。北极熊的毛实际上是中空的透明管状结构，这种"空管毛"有比"实心毛"更好的保温性能。由于毛发透明，故外观通常为白色。它们的皮肤为黑色，皮肤的下面则是厚厚的脂肪。其背部和臀部的脂肪厚度可达 10 厘米，相当于一堵挡风墙。有了这些"绝招"，抵御一般的严寒是没有什么问题的，但如果天气特别冷，北极熊则会躲进自己掘的洞穴中。它们的洞穴很特别，很像因纽特人的圆顶房屋。这句话也许应该反过来说，因纽特人在建造房屋时很可能是受了北极熊洞穴的启发。

"北极熊镇"的居民已经习惯了和北极熊和谐相处。这个小镇距哈得孙湾 72 千米，每年秋末大约有 600 只北极熊聚集于此，等待着冬天的到来。每年有 3 个月的时间，居民们必须容忍北极熊的存在。

消除涡流游得快

　　美国一位名叫弗·埃沙皮扬的科学家，这一天闲来无事，到水族馆参观。他来到海豚馆，见海豚在驯兽员的指挥下顶球钻圈，令游人兴奋不已。一般人看过表演就散去了，可他没有走，而是盯着海豚的皮肤看。尤其当海豚冲向猎物时，他更是瞪大了眼睛。原来他发现，每当海豚游得特别快时，皮肤上总要出现许多波浪状的褶皱。他认为，这些褶皱分散了海豚快速游动产生的涡流，从而减少了阻力，使海豚游得特别快。

　　这一发现不久便传遍了科技界，大家都认为他讲得有道理。舰船设计师也想在轮船上制造一些波状的褶皱来提高航速。后来的研究表明，这些褶皱可能是迎面水流造成的，对运动有阻碍作用。

　　为了弄清真相，科学家找来一些女游泳运动员进行试验，因为女游泳选手光洁的皮肤、优美的身材和皮下脂肪层与海豚很相似。当她们在水中快速游泳时，科学家用摄像机在水下拍摄她们皮肤的变化，发现她们的皮肤上竟也有波浪状的褶皱。科学家为了证实这种褶皱对运动的阻碍作用，给女游泳选手穿上特制的弹性服，把身体箍得紧紧的，以防止产生褶皱。结果发现，这样一来游泳的速度反而大大加快了。

看来，海豚游得快的秘密并不在皮肤的褶皱上。那么，秘密到底在哪里呢？

仔细研究海豚的皮肤，可以发现它的结构挺复杂。外面的表皮薄而富有弹性；里面的真皮像海绵一样，有许多管状突起，充满可以流动的液体。这种结构就像一个很好的"消振器"，使得海水在海豚皮肤附近流过而无法产生振动，难以形成阻碍运动的涡流。这样，海豚的游泳速度就快多了。

科学家从鱼体构造还发现一个规律：游速较慢的鱼，重心靠近头部；而游速快的鱼，重心在中部。这是为什么呢？经实验观察，科学家发现鱼体周围的水流是这样的：当水流超过重心之后，部分水流就会失去稳定，变成涡流。显然，想游得快一些，就得尽量减少涡流，重心就得后移才行。

人们吃鱼时往往把鱼鳞刮下来扔掉。你如果用显微镜仔细观察一下，就会发现鱼鳞的"地貌"还是蛮复杂的。鲤鱼的鳞上有许多"销钉"，鲨鱼的鳞上有许多纵向的浅沟。这些"地貌"的作用都是用来减少涡流的。

还有一点，鱼身体的黏液也可以减少阻力，使鱼能游得更快。这黏液是由什么组成的呢？科学家告诉我们，那是氨基酸的混合液。

人们合成了和鱼体黏液相似的液体，将它涂到船体表面，发现的确能减小阻力。例如，一艘长 4.2 米的小摩托艇涂上这种液体，摩擦阻力减少了 15%～20%。看来，在提高航海速度这一方面，鱼类身上有许多值得人类学习借鉴的"专利"。

南极磷虾：冰海中的生命奇迹

　　1773 年末，英国著名探险家詹姆斯·库克驾驶"决心号"帆船从新西兰出发，向南驶去。接近南极海域时，他遇到了恶劣的环境，难以前进。那里的浮冰一望无际，狂风咆哮，浪涛翻滚，远处还有一座座冰山。帆船一旦撞上冰山便会凶多吉少。"决心号"何去何从，库克船长一时难下决心。他拿起单筒望远镜，四处查看，寻找出路。忽然，他看到帆船的左舷远方有一片广阔的绛紫色沙滩。"太好了，我们就到那片沙滩上休息休息吧！""决心号"小心翼翼地绕过冰山，向那片"沙滩"驶去。

　　就在帆船接近"沙滩"时，"沙滩"却突然消失了。库克船长后来在日记中记述："我一定是碰到传说中的'幽灵'了，再不然就是冰雪女神在引诱我。因此，即使那里真有陆地，那也是块有百害而无一利的大陆。"他惊恐之余，便掉转船头离开了这一海域。

库克船长通过望远镜看到的"沙滩"究竟是什么？南极洲被发现后，这一疑问也随之有了答案。原来，他看到的是南大洋特有的动物——南极磷虾。紫红色的南极磷虾成群地在海水表层活动，远望宛若沙滩一般。后人评论说，如果库克船长不是被这种虾"吓"了一下，他也许会继续南进，有可能首先发现南极大陆。

南极洲附近的海域温度很低，即使是夏季，水温也只有 0℃～5℃；到了冬季，水温更是降到零下 30℃以下。可是，在冰冷的海水中仍然活跃着不少生物，南极磷虾就是其中之一。

南极磷虾为什么能抵御南极地区的严寒？近来有研究表明，南极磷虾体内有一种糖蛋白，可使体液的冰点下降而不易结冰，还能使南极磷虾保持旺盛的生命力。

南极磷虾栖息于表层至 200 米水深的海域，以浮游藻类为食。虾体第一年可长到 4～5 厘米，成年虾体也只有 6 厘米左右。总的说来，它们和对虾相比，似乎"上不了席面"。然而，南极磷虾的营养价值却和对虾有得一比。

南极磷虾是南大洋的特有物种，其储量有多少呢？关于南极磷虾的储量，目前还没有准确的数据。有科学家认为有 10 亿吨，也有科学家认为有 4 亿～6 亿吨。不过，有一点认识是共同的，即南极磷虾的储量相当可观。曾

有捕捞船在南极地区试捕南极磷虾，仅8分钟就捕捞了35吨。

据科学家分析，南极磷虾本来是某些鲸的"口粮"，一头鲸每天要吞下3~4吨南极磷虾。可后来，随着全球捕鲸业的兴起，鲸的数量大为减少，南极磷虾反而大量繁殖起来。南极磷虾太多了也不见得是好事，因为它们会吞食大量的浮游藻类，使其他以浮游藻类为食的生物面临生存危机。为了保持生态平衡，有人提出应适当增加南极磷虾的捕捞量，一方面解决人类蛋白质资源匮乏的问题，另一方面也有利于生态平衡。

然而，也有人提出相反意见。他们认为，南极是地球上唯一没有被污染的"天堂"，应加以保护而不是乱捕滥捞。人为地改变海洋生物的食物链，可能会带来不幸的后果。例如，如果过度捕捞南极磷虾，会不会影响靠吃南极磷虾生存的鸟类、兽类和鱼类的生活？不过，大多数海洋渔业专家认为，南极磷虾储量巨大，就目前人类的捕捞能力来看，似乎对它们构不成多大威胁。

地球最古老的"居民"

　　提到蓝藻，你也许觉得陌生，但要说起潮湿的地表那一层滑溜溜、蓝绿色的"皮儿"，你肯定会点头说见过。它们很平常，没有让人惊艳的外貌，甚至人们有些讨厌它们。但如果有人说，没有蓝藻，地球的大气中就没有氧气，也就没有包括人类在内的动植物，你会有何感想呢？

　　蓝藻是地球上的早期"居民"，或者说是古老的生命形式之一。

　　距今30亿年前，地球上一片死寂。杀伤力很大的紫外线直射地表；火山爆发和地震频繁；大气中有二氧化碳、氮气、水蒸气和硫化氢，却没有氧气。蓝藻受海水的保护，顽强地生存着。蓝藻是一种很原始的细胞形式，细胞内甚至没有"细胞核"。或许正因为其结构简单，所以才有惊人的适应能力，能在恶劣的环境中生存下来。

　　蓝藻的细胞内含有一种宝贵的物质——叶绿素，可以进行光合作用，将二氧化碳和水转化为碳水化合物，同时释放氧气。在漫长的光阴中，蓝藻源源不断地提供氧气，终于使大气圈的氧气浓度达到了现在浓度的 1%。这一氧气浓度十分关键。研究表明，只有氧气达到这个浓度，细胞的有丝分裂和真核生物的代谢才能正常进行。也就是说，蓝藻为真核生物的诞生创造了必要的条件。

地球上有了氧气，大气层顶部的臭氧层也就渐渐形成了。有了这层可抵御紫外线的臭氧层，生物的繁衍和演化就方便多了。

具有细胞核的藻类被称为真核藻类。真核藻类是什么时候才出现的呢？根据地质考察，它们大概出现在 14 亿~18 亿年前。这样看来，在真核生物诞生之前，蓝藻作为生命形式在海洋中就已经存在了十几亿年。在那漫长的岁月里，海洋中没有一条鱼或一只虾。蓝藻默默地漂浮在浩渺的海洋里，不动声色地生活着，为生命世界的后来者制造着食物和氧气。它们当之无愧地被称为"植物界的先行者"，为地球生命的演化奠定了基础。

五花八门的生物陆续登上地球"舞台"之后，蓝藻并没有"隐退"。现在世界上仍然有蓝藻，并且其形态和它们的祖先没有多大的区别。多数人除了在建筑物的大理石

边说一声"好看"，或冲着潮湿的地面说一句"讨厌"，对它们基本上不大关注。然而，蓝藻依然顽强地生存着，它们才不在乎人们的褒贬呢！

蓝藻是渺小的。然而，就是在这些小到简直不可思议的细胞里，进行着可与现代化的大工厂相比拟的"化工生产"。这些小小的细胞可以完成发电、放氧、制糖、固氮等一系列高难度的工作，而且反应速度之快、效率之高，令人惊叹不已。科学家从20世纪80年代才开始研究蓝藻，虽然时间不长，但收获已经不小。揭示蓝藻这位地球早期"居民"的更多秘密将有可能启发人类建立一套人工模拟生物系统，推动人类社会的进步。

奇异的军舰鸟

　　军舰鸟，顾名思义和军舰有关，更引申到和军事有关。据说，在海湾战争中出尽风头的"爱国者"导弹就是科学家受军舰鸟的启发研制的。

　　如果你有幸在大洋中航行，可以领略一下军舰鸟的风采。这种鸟体型较大，最大翼展可超过2米。它们具有高超的飞行技术，在空中可以竖直上升和下降，盘旋飞行的直径可以小到3米。它们可以飞上4000米高空，而且飞行速度快得惊人，俯冲时可达到每小时三四百千米。这一速度作为飞行项目之最被载入了吉尼斯世界纪录大全。

　　军舰鸟的食物主要是飞鱼。

　　看，军舰鸟要去捕捉飞鱼了。

　　它们并不直接下海捕捉。实际上，军舰鸟的水性很差，堪称"旱鸭子"，一旦入水就笨拙得很，不要说灵活的飞鱼，捉只小虾也很困难。然而，它们自有办法。它们在海面上盘旋飞行，认真观察飞鱼的动态。飞鱼，顾名思义是会"飞"的鱼。这类鱼有宽大的胸鳍，展开时像鸟的翅膀。飞鱼有时在海中游泳，有时会跃出海面滑翔一段距离。飞鱼一旦离开海面，军舰鸟就要"动手"了。军舰鸟并不急于捕捉。飞鱼在海面上空通常能滑翔50米左右（最远可达400多米），最后头朝下落入水中。军舰鸟倚仗飞行速度快的优势迅速赶到飞鱼前方，等待最佳猎食时机。在飞鱼即将落水的一刹那，军舰鸟张口把飞鱼叼住。军舰鸟此举堪称"百发百中"。

军舰鸟"拦截"飞鱼的前提是飞鱼必须"飞"出海面才行。如果飞鱼不"飞"起来，军舰鸟岂不只能望洋兴叹？不一定，因为军舰鸟还有一个"配合默契"的伙伴——鲯鳅。

鲯鳅与军舰鸟有同一种嗜好，它们经常追逐并吞食飞鱼。当飞鱼被鲯鳅追得无路可走时，就会施展最后一招——"飞"出海面，以摆脱鲯鳅的攻击。鲯鳅很狡猾，它们在飞鱼"飞"出海面后，会迅速游到前方"守株待兔"。飞鱼从空中落下，以为已经摆脱了鲯鳅的攻击，却不知道会落入鲯鳅张开的嘴中。

军舰鸟比狡猾的鲯鳅略胜一筹。它开头并不参战，只观察鲯鳅和飞鱼的追逐。当飞鱼被鲯鳅逼出海面，鲯鳅在前方张开大嘴的时候，军舰鸟便在中间插上"一杠子"，抢先在海面上方进行拦截，将飞鱼叼走。这种似乎不光彩的行为使军舰鸟获得"空中强盗"的绰号。

军舰鸟吞食飞鱼的行为很有特色。军舰鸟叼住飞鱼后，立即飞向高空，到达某一高度后突然松口。飞鱼便以"自由落体"的方式下降，此时军舰鸟则以更快的速度

降落到飞鱼的下方，张开大嘴，使下落的飞鱼顺着其食道毫不费力地进入腹内。此鸟对"地球引力"的利用可真是"研究"到家了！

科学家也观察过其他海鸟，发现它们对食物的拦截能力远不如军舰鸟。经过一番分析研究，军舰鸟"百发百中"的秘密终于被揭开了。这多亏军舰鸟的眼睛和大脑。如果把它们的眼睛看作现代导弹的"雷达"，大脑就相当于导弹的"电脑控制中心"。当"雷达"测知飞鱼的滑翔轨道后，"电脑控制中心"可迅速算出飞鱼在滑翔中由于地球引力所产生的"下降拐点"，从而决定在什么位置进行捕捉。

科学家根据仿生学的原理，受军舰鸟的启发，研制出了在海湾战争中大出风头的"爱国者"导弹。"爱国者"导弹的原理和军舰鸟捕捉飞鱼的方式极为相似，它是一种"后期拦截"导弹。但是，"爱国者"导弹是相当庞大而笨重的设备，而且会出故障。用"爱国者"导弹拦截导弹绝不敢说"百发百中"。拿人类的这一杰作和不起眼的军舰鸟比较，还真有些惭愧呢！

一条价值 10 万美元的鱼

1952 年 12 月，科摩罗群岛的一群渔民抬着一条鱼来到南非的罗德斯大学。他们拿着一张悬赏广告找到史密斯教授说："你要找的鱼我们捕到了，给我们 10 万美元奖金吧！"史密斯教授一见此鱼，高兴地跳起来，喊道："太妙了，太妙了！我立刻付钱，绝不食言！"他当场将 10 万美元的支票交给渔民，如获珍宝地将那条鱼抬进了陈列室。

这是什么宝贝鱼，竟能卖如此高价？

地球上最早出现的鱼类是甲胄鱼。这类鱼身上覆盖着坚硬的骨甲，像披着甲胄的兵士一般。它们生活的年代是古生代的奥陶纪。到了泥盆纪后期，此类鱼灭绝，取而代之的是软骨鱼类，如古代鲨鱼。稍后，硬骨鱼出现并很快发展起来，这就是我们所熟悉的鲷鱼、鲤鱼等鱼类。硬骨鱼的一支——总鳍鱼类则逐渐向陆地发展，向两栖类——青蛙等动物演化。

这是一个漫长的演化过程。总鳍鱼类有些是有肺的。它们挣扎着登上陆地，用鳍支撑身体，扭曲着慢慢爬行，靠肺呼吸。最初，它们在陆地上待不久就要回到水里"休息"一会儿，渐渐地它们可以长时间待在陆地上。经过漫长的演化，鳍变成四肢，身体渐渐灵活得可以捕捉昆虫了。两栖类动物就这样诞生了。

那些没有变成两栖类的总鳍鱼类呢？据地质学家考察，到中生代后期，也就是7000万年以前，它们全部灭绝了。

人们一直相信这个结论，直到1938年12月。那时，在非洲南部的东伦敦海上，一艘渔船捕到了一条形状有些

古怪的鱼。这条鱼全身被六角形的坚硬的鳞片包裹着，微带紫色的铅色皮肤上有些白色的斑点。尤其引人注目的是，它有粗壮的胸鳍和腹鳍。

遗憾的是，渔民没有意识到这条鱼的重要性。他们把鱼吃掉了，把鳍扔到了海里，只剩下一堆鱼骨。后来，科学家偶然看到了这些鱼骨，拼凑之后竟大吃一惊：这不是一条总鳍鱼吗？看来，没能登上陆地演化为两栖类的总鳍鱼类并未灭绝，还有为数甚少的幸存者。

既然有第一条，就可能有第二条。于是科学家悬赏捕捉这种被称为"活化石"的名叫矛尾鱼的总鳍鱼。终于，14年后史密斯教授获得了一条。

也许是为了避免和其他动作敏捷的硬骨鱼竞争吧，矛尾鱼栖息在水深150～500米的海域。矛尾鱼的脑和视觉器官退化了，听觉却非常发达。由于食物不易寻找，矛尾鱼的胃很大，胃壁很厚，可以把食物保存起来。矛尾鱼数量极少，捕捉困难，而各国博物馆都希望有一条矛尾鱼的标本供研究和展览，这就决定了它们的身价可能会越来越高。

璀璨的珍珠从哪里来

  自古以来，谈到大海里的宝贝，就免不了提到珍珠。传说的龙宫中有夜明珠。安徒生的童话《海的女儿》中，那位最小的公主的头上戴着一个美丽绝伦的百合花花环。这花环的每一片花瓣都是半粒珍珠。这花环一定很重。公主说："戴在头上太难受了，我不想戴！"可她的祖母说："为了漂亮和尊贵，是要吃点苦头的！"我国古典文学名著《红楼梦》中也多次提到珍珠。有一位商人献给贾政一盒"子母珠"。这种珍珠很神奇，在桌上撒开后，那些小一点的子珠会向最大的一颗"母珠"靠拢。众人看了纷纷拍手称奇。

  珍珠是从哪里来的呢？它为什么如此珍贵？说出来有些扫兴，珍珠实际上是某些生物的一种"不正常"的产物。产珍珠的生物主要是贝类，如珍珠贝等。它们生长在浅海底部，平时用足丝附着在岩石、珊瑚或岩礁上，悠闲自得地生活着。偶然地，有一只寄生虫或一粒沙砾进入贝壳，就像人的眼睛里刮进了沙子。贝类对付进入贝壳的沙砾等异物有高招。贝类的外套膜会分泌一种名叫珍珠质的物质，将异物层层包裹，最终使异物变成晶莹剔透的珍珠。

当然，珍珠的形成过程是漫长的，一般至少需要2年的时间。可以想象的是，颗粒越大的珍珠其形成所需的时间越长。另外，珍珠贝是一类几乎没有自卫能力的动物。章鱼和螃蟹等捕食者会弄碎贝壳，吞食贝肉。海里的其他小动物也常来欺凌它们。小牡蛎和藤壶等生物喜欢在珍珠贝的壳上建筑新居，使珍珠贝行动艰难，生活不便。珍珠贝遇难，珍珠当然也就"难产"了。正因为如此，珍珠在海里也是一种稀罕的东西。

珍珠除了用作高级装饰品，也是一种名贵的药材。古籍中记载，珍珠能清热益阴、安神镇惊，常与其他中药配伍使用。另外，珍珠粉能润肤养颜，是一种优良的美容化妆品。

我国是世界上最早采集和利用珍珠的国家之一，早在宋代便发明了人工养珠法。国际珍珠市场上流行着"西珠不如东珠，东珠不如南珠"的说法。意思是说，西欧产的西珠不如日本产的东珠，日本产的东珠不如我国南海产的南珠。广西合浦就是闻名遐迩的"南珠之乡"，历史上许多进贡皇室的珍珠多采集于此。明朝中叶，这里曾建造有一座小城，城墙用珍珠、贝壳混合泥土砌成，方圆一千米，颇为别致，在阳光下灿烂夺目，也算一大景观吧！

到海底采集珍珠需要有很好的水性，尤其要会潜水。现代养珠业的兴起使传统的天然采珠法逐渐被淘汰。人工养珠是将经"人工受孕"的珍珠贝放置在尼龙网袋里，然后吊放在海流平缓、饵料丰富的海域养育。育珠期需要2年或更长时间，这期间要随时予以呵护，遇有狂风暴雨，还需将其转移到安全的内海。"人工受孕"是有意在贝壳内放置异物，以刺激珍珠的形成。通过控制异物的放置数量，珍珠的产量可大大提高。

海底"森林"

　　这里说的海底"森林"不是由真正的大树形成的，而是由巨藻形成的。这些巨藻靠"根状固着器"牢牢地固着在海底，不断长大繁衍，形成规模相当大的海底"森林"。面积大的海底"森林"可达数百平方千米，能覆盖很大一片海域。

　　人们一般称红杉树是地球上最高的植物。美国的一棵红杉树高100多米，被称为"世界爷"。但是和海底"森林"里的"巨树"相比，"世界爷"可就小巫见大巫了。海洋里的巨藻，百米来高的很常见，最高的可达500多米。当然海藻和红杉树相比，高度虽然占优势，但"粗度"可就自愧不如了。巨藻的"茎"虽长却细，直径只有0.5~2厘米，看上去不过是一条漂浮的长带子而已！巨藻的"叶片"长10~100厘米，基部有一气囊，帮助藻体浮起来。

巨藻是多年生水生生物，生命周期可达12年。它们在海洋中构成特有的生态环境，为腹足类、甲壳类等动物提供了良好的生活环境。

巨藻的经济价值较高。巨藻含有较丰富的蛋白质和多种维生素及无机盐，不仅可以直接食用，而且还是生产禽、兽饲料和鱼类饵料的优质原料。从巨藻中提炼的碘、钾、褐藻胶、甘露醇等是重要的工业原料或药品。

巨藻不仅藻体巨大，生长速度也很快。幼苗每年可长50多米。不仅如此，它们还有很强的再生能力。收割后的藻体能够继续生长，一年可收获3～4次。据分析，假定每公顷（1万平方米）海底种植1000棵巨藻，年产鲜巨藻可达750～1200吨，经济效益相当可观。人类在陆地可耕种面积不断下降的情况下，把目光转向海洋、转向巨藻是有道理的。

巨藻属于冷水性海洋生物，主要分布在美洲太平洋沿海较深处。巨藻靠孢子繁殖。和高等植物不同，巨藻没有根、茎、叶的分化。我国沿海没有天然生长的巨藻。现在我国已从墨西哥引进巨藻，并使之在北方沿海"扎根"成功。人们可以一睹我国海底"森林"的风采了。

巨浪为何燃烧

　　我国有一句成语叫"水火无情"。如果有人说海水能变成一团火，你会相信吗？

　　1977 年 11 月，一场空前猛烈的飓风袭向印度海岸。靠近海岸的港口立即大乱，码头上的货物被巨浪吞没，有的海员也被卷走了。停泊在港湾的船桅杆折断了，东摇西晃。几层楼高的海浪无情地一次又一次发出雷电般的轰鸣，扑向海滩和码头。

　　这天夜里，风暴更猛烈了。值班人员突然发现，已被海浪席卷一空的码头上燃起了大火。这火焰是蓝色的，一团一团的，在码头上飘曳着。每当巨浪撞击时，这火焰便产生；巨浪过去，火焰便很快熄灭了。这火焰有时小，有时大；最大的时候竟能连成一片，腾空而起。在这令人恐怖的暴风雨之夜，这些飘曳的火焰就像一群幽灵。值班人员吓坏了！他们默默祈求上苍，赶快收回这些可怕的"魔鬼"吧！

开始，科学界试图用生物发光现象来解释：有一些浮游生物在受到外力的冲击时能发光。然而，这一次无论发光的强度、颜色，还是发光的时间、地点，和生物发光都有明显的区别。一个最大的区别是，生物发出的光是冷光，有火光而无火焰。而这次火焰为许多人所目睹，是不争的事实。

有人提出，这种火焰是氢气和氧气化合而发生的。巨浪强烈冲击着码头，不仅破坏了码头的设施，卷走了堆积如山的货物，还把水分子也"摔碎"了。水分子分解后产生氢气和氧气。氢气和氧气相遇，在一定条件下发生化合反应，同时响起爆鸣声，形成火焰。

有人进一步做了计算，当风速达到每小时 200 千米时，海水的撞击能量就可以达到使水分子分解的程度。这一次飓风的速度超过了这一界限。他们认为，在这种情况下出现一点火焰就不足为奇了。

这种说法是否正确还有待研究。其实，从水中取火还有别的办法。海水中有一种含量很少的叫"重水"的物质。重水的化学性质和普通水非常相似，只是组成重水的氢原子核中多了一个中子，因此同体积重量要比普通水大一些。自然界中的水都含有一点重水，普通水和重水的比例是 6800 : 1，也就是说，我们每天多多少少都会喝一点重水。但重水喝多了是不行的。

重水中的重氢是核聚变的材料之一。什么是核聚变呢？简单来说，氢弹爆炸利用的就是核聚变反应；太阳普照大地，其能量也来自核聚变反应。1 克重氢通过核聚变能产生 10 万千瓦时的能量。1 克的重量，简直微不足道，可它放出的能量可供 100 万个 100 瓦的电灯点亮 1 小时。这结果让你惊叹不已吧！

地球上的海水总量约为 133 亿亿吨，每吨海水中含有 140 克重水。你愿意的话不妨算一算这些重水总共能放出多少能量。有人说，1 升海水中的重氢通过核聚变反应释放的能量相当于300升汽油燃烧释放的能量。不是经常有人喊能源危机吗？从这些数字看，有大海里的重水作为后盾，人类似乎用不着太紧张。

令人遗憾的是，能受人控制的核聚变研究虽有进展，但距离商业化应用仍有较大差距。换句话说，有了煤，还没有炉子，火还是点不起来。这水中取火的好戏，也许还要再等若干年才能拉开帷幕。但随着科技的不断进步，人类终将掌握可控核聚变技术，为未来的能源供应带来革命性的变化。

迷离缥缈的海雾

    1940 年 5 月，正是德国法西斯气焰嚣张的时候。希特勒集中优势兵力，闪电一般绕过著名的"马其诺防线"，将英法联军的 33 万人围困在法国北部的敦刻尔克。联军前有大海，后有强敌，形势十分危急。如果德军继续追下去，联军有可能全军覆没。就在这紧急关头，英吉利海峡出现了海雾。大雾笼罩了敦刻尔克及周围的海域，一片迷离缥缈，能见度极低。希特勒无奈，只得下令停止追击。英国海军趁机调动了各种船只 860 多艘——据说连泰晤士河上的游艇都用上了——将联军从海上撤走了。敦刻尔克大撤退被西方称为战争史上的一大奇迹。这一奇迹的产生因素很多，海雾也算其中一个吧。

    诗人对海雾感慨颇多，他们把海、雾和高山庙宇看作是人间仙境的标志。李白就有"海客谈瀛洲，烟涛微茫信难求；越人语天姥，云霞明灭或可睹"的诗句。但对航海、航空或其他海上作业来说，海雾却是一个危险的恶魔。

1956 年 7 月 25 日，意大利的一艘大型豪华客轮缓缓驶入了大雾弥漫的纽约港，旅客们高高兴兴地准备下船。就在这时，一艘瑞典货轮从大雾中窜出来，一头撞在客轮上。货轮的船头深深插进了客轮的右舷船舱之中，汹涌的海水滚滚而入，旅客们纷纷落水。经过 10 个小时的抢救，这艘 2 万多吨的客轮还是沉没了，52 人因此丧生。

英伦三岛的海雾举世闻名，伦敦就号称"雾都"。雾在战争时期有掩护军事行动的作用，但在平时带来的麻烦也不少。

1967 年 3 月，利比亚的一艘大型油轮向英国驶来。船上满载原油，有 11 万吨之多。此时海上有大雾，能见度极低。

油轮开得很慢，船长瞪大眼睛，生怕发生意外。然而，他担心的事还是发生了。只听一声巨响，油轮竟撞到了一块礁石上，船体折成两半。原油流入大海造成了严重污染。英国当局命令飞机投燃烧弹，想用烧光的办法来消除污染，不料却把油轮里未流出的几万吨原油引爆了。一声巨响，这艘油轮化成了碎片。

那么，海雾到底是怎样形成的呢？

　　空气中的水汽遇冷凝结，形成微小的水滴悬浮在空中，这就是雾。海雾主要有两种：当暖湿气流比海面温度高并有微风时，便形成平流雾；当冷空气通过温暖水域时，该水域的上空便形成蒸发雾。不管哪一种雾，其形成的条件都是"一热一冷"，或是水热、空气冷，或是空气热、水冷，二者必居其一。

不过，不是所有海面都能形成海雾。海雾在热带海面上就难以见到。在北纬20度到南纬20度之间，水和空气都是热的，就不会有雾。在两极附近的海面上，水和空气都是冷的，也不会有雾。海雾主要分布在温带大洋东西两侧。在我国，海雾集中发生在黄海和东海海域，渤海和南海海域的海雾较少。山东半岛的成山头附近是海雾出现最频繁的地方，被称为"雾窟"，每年有雾的时间平均为83天。有一次，大雾连续27天不散，海上总是朦朦胧胧的，令航船上的人提心吊胆。

　　能不能人工制造海雾或消除海雾呢？如果能让海雾招之即来，挥之就去，该有多好！有人也在研究这个问题。这个课题的名字被称为气象战。如能成功，将是很厉害的一招。但恐怕短时间内这一研究还成功不了。

"海魔"之谜

  1281 年，元朝忽必烈命范文虎将军等远征日本。这可不是一件简单的事。为确保成功，元朝做了长时间的准备。出发的日子终于到了。这天海上聚集了 3500 艘战船，远远望去黑压压的一片。一声炮响，船帆升起，战旗猎猎，船向远海驶去。这支庞大的远征船队，共 10 余万人，全是挑选出来的精兵强将。忽必烈认为此战必胜无疑，便耐心地等待着好消息。

  半月后，消息来了，却是噩耗。10 余万将士几乎全军覆没。报告消息的是死里逃生的 3 名士兵。他们面容憔悴，惊魂未定地说，他们在海上碰到了"海魔"，一刹那天昏地暗，狂风大作，恶浪滔天。那"海魔"在空中旋转，无数船只倾覆沉没。那景象太可怕了。大海就像有千万个恶魔在号叫哀鸣，暴雨和狂风无休无止，让人感到世界末日已经降临。

无独有偶，600多年后，这个日本海附近的"海魔"又一次袭击了一支舰队。

　　1935年9月25日，日本海军的30多艘巡洋舰和1艘航空母舰在海上举行军事演习，与"海魔"不期而遇，舰队顿时陷于狂风恶浪之中。过了一个小时，海上突然风平浪静。日本人高兴极了，看来"海魔"也怕大军舰呢。就在他们暗自庆幸时，"海魔"又转了回来。震天动地的惊涛骇浪向舰队扑过去，最前面的3艘巡洋舰"望月号""夕雾号""初雪号"霎时倾覆。后面的舰也东倒西歪，相继

沉没。"海魔"把号称"海上巨人"的航空母舰掀起来，像摆弄一个小玩具似的。航空母舰上的100多架飞机，连同几百名士兵，像下饺子一般被倒进大海。

海洋中有魔鬼吗？在科学不发达的时代，人们对此深信不疑。我国沿海许多地区有"天后宫"和"龙王庙"，供奉的都是能制服妖魔、保佑平安的海神。渔民出海前在家中虔诚地烧香供神，但是灾难并未因此而消失。

现在人们已经明白，上述所谓的"海魔"，实际上就是台风。台风的发源地是热带的海洋，所以台风又被称为"热带风暴"。在大西洋等地，人们称台风为飓风。科学家说，当海水表层温度升高到一定程度，地球自转的偏向力达到一定程度时，台风的"胚胎"便形成了。台风刚刚形成时，还算客气，一旦受到副热带高气压的操纵，便变得凶狠起来。它能从周围高温的洋面上不断汲取能量，迅速发展到鼎盛阶段，成为无坚不摧、攻无不克、在洋面上肆虐作恶的"海魔"。

我们不妨把它和威力强大的核武器做个比较。1946年美国在太平洋进行了一次氢弹试验，氢弹爆炸后举起了1000万吨海水。但是一个中等规模的台风，一天时间聚集的雨

台风的能量到底有多大呢？

"海魔"之谜　055

量就有 200 亿吨，它包含的能量，只水汽凝结放热一项，就相当于 50 万颗普通原子弹。有人计算说，台风每秒钟放出的能量相当于 6 颗普通原子弹。

这样一算，大家也许就容易理解，为什么台风能轻而易举地毁掉一艘军舰了。1970 年台风在孟加拉湾登陆，巨浪高达 20 多米，50 万人死于非命。而美国向广岛投放的原子弹，当场死亡的人不足 10 万。在海上，被风暴毁灭的船只就更多了，死亡的人更是不计其数。

台风的形成是复杂的物理过程。当处于热带的空气剧烈受热且水蒸气趋于饱和的时候，携带水蒸气的空气流开始上升，上升时气流便会出现漩涡，形成一个漏斗状的气流团。在"漏斗"的顶部聚集的水分和热能会越来越多。据气象学家统计，一天之内向上聚集的水分就可达到 100 万吨。这就是为什么台风经过之处，总是大雨倾盆的根源所在。"漏斗"的中心和边缘处气压是不一样的，中心气压比边缘气压要低得多，这种巨大的压差使风速越来越大，便使强风转变为更具威胁的台风。

1959 年，法国一位名叫安德烈·莫尔恩的飞行员，驾驶飞机对台风进行了一次科学考察，成为著名的"追捕台风的猎人"。他在书中对台风做了这样的描述：

"天将晓，一条拖得很长的整齐的云带横在我们飞行的路线上。这表明，我们正向风眼飞去。大海汹涌澎湃，巨浪不顾风向而是迎风相撞。这些浪像同心圆似的疯狂涌向台风中心，在那儿引起了极可怕的狂飙……

"我在昏暗的雨夜飞行，瓢泼似的大雨，向飞机迎面打来，遮住了前进的视线，飞机似乎不是在飞行而是在飘荡。我似乎听见了空气剧烈旋转的轰鸣声……"

试想，这是何等惊心动魄啊！

惊人的海漩

    在挪威海近岸，有一个著名的漩涡——萨特涡流。这一壮观的海漩景象已成为挪威夏季的一个旅游热点。人们在凉爽的气候中一面感受北极的"白夜"，一面领略海漩奇观，心里别有一番滋味。

    海水在近岸打转，发出巨响。几股海水越转越快，漩涡便开始形成。开始时是无数个小漩涡，慢慢发展成流速强大的大漩涡。有的漩涡中心的空洞深度可达 10 米左右，看上去黑黝黝的，给人一种恐怖的感觉。海水急速旋转带动水面上方的空气也转动起来，形成狂风。水声、风声交织在一起，像有鬼怪在大海里欢叫！

    萨特涡流处于挪威的航路上，每天都有航船由此经过。一旦出现萨特涡流，航船只好停下。萨特涡流每天出现 4 次，和潮汐有密切关系。挪威沿海有几个峡湾，涨潮落潮时海流落差很大，形成强大的类似于瀑布的水流。这些水流汇在一起，相互冲击便形成涡流。每月朔望大潮时，水流最强，海漩最为壮观。

虽然看上去漩涡有些可怕，但许多动物似乎习以为常，并不畏惧。水鸟一见漩涡出现，便拥上去，一边捕食漩涡卷出来的鱼、蟹等生物，一边在漩涡上方盘旋嬉戏。还有一群绒鸭，它们在漩涡边缘随波逐浪，偶尔被漩涡卷入中间时便急忙起飞。也有被漩涡激流卷进去逃不出来的鸟儿，然而它们的"牺牲"似乎并不能使同类却步。也许

是受到动物的感染，也有勇敢的游泳者驾着小船进去搏击一番，但游泳者往往选择漩涡水势减弱、即将消退时才出发。毕竟这是个危险的地方。

日本京都大学和筑波大学的科研人员曾在太平洋小笠原群岛东部发现一个巨大的海漩。这个海漩呈圆柱状，半径有 100 千米，从海面直到水深 5000 米处都在旋转，海水流动的力量大约是普通海流的 10 倍。漩涡的中心以每秒 3 厘米的速度向西缓缓移动。

日本科学家发现，这个巨型漩涡的奇特之处是，它先顺时针旋转，过一段时间停止转动；再逆时针旋转，过一段时间又停止转动；接着再逆时针旋转，再次停止后又顺时针旋转。每隔 100 天重复一次上述过程。

萨特涡流的形成原因已有明确解释，而太平洋这个巨型漩涡的形成原因还是一个谜。解开这个谜会使人们对海流及气候变化等有更进一步的认识。

吞天沃日的海潮

西汉初期文学家枚乘在其代表作《七发》中，生动地描述了海潮的壮观场面。下面不妨摘录一段："其始起也，洪淋淋焉，若白鹭之下翔；其少进也，浩浩溰溰（yí），如素车白马帷盖之张；其波涌而云乱，扰扰焉如三军之腾装；其旁作而奔起也，飘飘焉如轻车之勒兵。"

枚乘把海潮比作正在行军和作战的千军万马。据枚乘说，楚国的太子整天沉溺在酒色中，精神萎靡不振，病情似乎十分严重。他听了这段话后，很振奋，结果出了一身汗，病竟不治而愈。

我国的钱塘江口是举世闻名的观潮地。每年农历的八月十八前后，人们都会聚集在海宁的盐官一带，欣赏这一自然景观。"来了，来了！"江上涌现一条黑线，那便是潮头了，接着隐隐响起闷雷声。声音越来越大，直至震耳欲聋。奔腾的海水沿两岸快速前进，形成包抄之势，一旦碰到堤防或障碍，便像一条被惹怒的巨龙，咆哮起来。雪白的浪花冲天而上，又纷纷扬扬地落下。堤防或障碍转眼间便被这条"巨龙"吞噬了。当汹涌的潮水冲到了尽头，由于地势的作用，潮水来不及均匀上升，而后边的海潮已奔涌而来。两潮相遇，一场惊心动魄的大战随即展开。一朵朵浪花在天空绽开，无数水柱射上去。水流东奔西突，翻上覆下；再加上如雷鸣交响的风声和水声，真可谓吞天沃日，令人惊叹不已。

有人说："看了这海潮，全身的五脏六腑，甚至手、足、发、齿都像被洗刷了一遍，烦闷的心情一扫而光，真是痛快之极。"由此可见，枚乘的"观潮治病"一说是有道理的。整天被封闭在皇宫中的楚太子，一旦听闻外面有这样精彩的世界，而且气势如此宏大，心里豁然开朗，病情当然要减轻了。

那海潮是什么力量形成的呢？

古人看到这种奇异的现象，往往会将其归因于超自然的神力所为。俗话说，无风不起浪。当潮起潮落时，人们并未感到风的作用。不是神，谁能有这么大的本事？后来有人发现，这潮水的涨落好像与月亮有关系：每当月圆时，潮水要大一些。月亮离我们相当遥远，怎能驱动地球上的海水呢？就在人们迷惑时，一位英国人看到了苹果落地，思考后发现了万有引力定律。这位英国人就是牛顿。按照万有引力定律，任何有质量的物体都会互相吸引，太阳、地球、月球，都是质量很大的物体，它们之间的引力也是很可观的。

大海的潮汐，其动力主要来自月球、太阳对地球的吸引力。因为月球离地球最近，所以它对潮汐的影响最大。当海水在引力的作用下离开海边，水位下降时，称为落潮；当海水在引力的作用下靠近海边，水位上升时，称为涨潮。月球、太阳对地球的吸引力在不同的时间大小不同，潮差大小和海域的地形、位置也有关系，所以潮汐现象比较复杂，但其规律性是很明显的。在海边经常见到的是半日潮，就是一昼夜（指一个太阴日，约24小时50分）内有两次高潮和两次低潮。

我国的东面是浩瀚的太平洋，海潮的力量就是它传过来的。浙江沿岸海潮的力量较大，而钱塘江口又呈喇叭形。当海水涌入时，随着水道的变窄，海水的流速会越来越快，于是形成了举世闻名的"钱塘潮"。

许多地方，涨潮会悄然进行，为人所不觉。山东青岛栈桥的海边常有游人被困在礁石上。这些人大概玩得太投入了，也许正忙着寻找海中的小生物。当他们抬起头时，突然发现，美丽的沙滩消失了，取而代之的是茫茫海水。怎么办？赶紧脱鞋挽起裤腿向岸上跑。如果水太深，那就只好高声呼救了。

奇妙的生物发光

    100 多年前，荷兰的一支军队守卫在西太平洋巴布亚岛上。这天晚上，海风呼啸，乌云翻滚，哨兵巡逻时，周围一片漆黑，只听到风声、浪声。忽然，哨兵看到不远处的海滩上出现了一线微光。微光徐徐展开，形成光带。几秒钟后，光倏然消失了。

    "谁？"哨兵端起枪，向刚才发光的海滩走过去，"谁在那儿捣鬼？"他走着，忽然惊叫一声掉头就跑。原来那亮光在跟着他走，他的每一个脚印上都跳跃着一团"火"。

    这个哨兵见到的就是"海火"。

    "海火"又名"火星潮"，在经常航海的老水手眼里并不陌生。大风浪中，轮船如果在漆黑的夜里航行，就可能见到船尾拖着一条长长的"火龙"，荧光闪闪，绚丽夺目。当浪头扑上甲板时，甲板上也会有一团团"火"在闪烁。

"海火"并不是真的火，而是海洋生物——鞭毛藻发的光。鞭毛藻这种微型生物体内有两种特殊物质，一种叫荧光素，一种叫荧光素酶。荧光素在荧光素酶的催化下，可以和氧发生化学反应而发光。这种微型生物发光是有条件的，就是要受到搅动才行。如果海面风平浪静，是看不到"海火"的。另外，它们发的光相当微弱，只有在星星和月亮都被遮盖的黑夜才能看到。当然，海洋中能发光的

生物不限于鞭毛藻，裸环藻、某些栉水母等一旦受到外来刺激都会发光。

发光生物不仅海洋有，陆地上也有。陆地上最常见的发光生物要算萤火虫了。它们的发光原理和鞭毛藻相同，都是荧光素在荧光素酶的催化下和氧化合而发光的。然而，对于萤火虫来说，氧气靠体内的气管来输送。氧气充足，荧光强；输送的氧气减少，荧光便立刻变暗。所以，萤火虫发出的光时常出现忽明忽暗的情况。

不仅陆地生物，有时一棵枯树也会发光。据报道，我国江苏省镇江市丹徒区高桥乡发生过一件奇怪的事：每当黢黑的夜晚，田边一棵朽烂的柳树就会闪烁浅蓝色的光，并且不管刮风下雨，这种神奇的光都不会熄灭。这是怎么回事呢？科学家进行考察后发现，这棵枯树内有一种发光的真菌叫假密环菌，此真菌体内也含有荧光素和荧光素酶。

生物发光的效率是很高的，大约95%的化学能转换成了光能。想想人类发明的白炽灯发光效率才10%左右，就不能不惊叹大自然的奇妙了。现在，有人用化学方法合成了荧光素，模仿生物发光制成了"冷光源"，在照明史上翻开了新的一页。

沧海桑田的秘密

晋朝有一位名叫葛洪的道士，写了一本《神仙传》，其中记载了这样一则故事：仙女麻姑有一次到另一仙人王远处做客。她对王远说："我已看见东海3次变为桑田。前几天我到蓬莱去，发现海水比过去浅了一半。看来东海又要变成桑田了。"王远听罢笑道："是啊，圣人们都说，大海又要扬起尘土了。"这个故事后来演变成一个被广泛使用的成语"沧海桑田"，用来比喻世事反复多变或历史久远。

再讲一个外国的故事。芬兰有几个渔夫有一次在岸边高坡上发现了一些埋在土里的贝壳。有人便

我们这里要讨论的是，大海是不是真的能变成陆地，真的能扬起尘土？

说这地方在很久以前肯定是大海，后来海水退下去，便变成了陆地。其他几个人不相信。他们争论了半天没有结果。于是，大家想了个主意，在岸边靠近水面的岩石上刻上一个标记，并把此事告诉了他们的后代。过了100年，渔夫的后代去检查标记时，发现原来的标记离水面已有2米之遥了。

《神仙传》是神话故事，虽不能作为科学依据，但反映了古人对自然变化的观察和想象。不过，令人惊奇的是，经过科学家认真考察，我国的渤海、黄海、东海历史上确实多次变成陆地，又多次被海水淹没。最近的一次发生在1.5万年前。

在1.5万年前，海平面比现在要低160米左右，现在的渤海、黄海、东海区域是一片辽阔的"黄东海大平原"。这片大平原和朝鲜半岛以及日本列岛连在一起。那时的海岸线在现在冲绳岛附近的冲绳海槽，现在我们常提到的钓鱼岛、济州岛或千里岩诸岛，那时候不过是平原上的一些小山峰罢了。

在这片大平原上有些什么呢？植物有青草和灌木，还有稀疏地长着的松柏，一幅天苍苍、野茫茫的景象。动物呢，有大角鹿、猛犸象、原始牛和披毛犀，天上当然还有飞鸟在翱翔。有没有人呢？有，不过那时候还没有发明文字，所以关于人的喜怒哀乐，我们知道得不多。我们可以想象，先民们在这片辽阔丰饶的大平原上，有这么多动物和植物相伴，生活应该是不成问题的吧！不过据考证，那时候气温较低，夏季比较短暂，冰天雪地的时间很漫长，先民们要平安过冬，必须在夏季多储备一些"口粮"才行。

这个说法听起来有些离奇，但的确是事实。通过对海底沉积物这本"大书"的阅读，我们完全可以推断出上述结论。根据对沉积层的分析，我们可以进一步推定，距今4万～7万年和距今1.5万～3万年时，海平面分别位于现在海平面以下100米和160米。仙女麻姑看见东海变为桑田，并非无稽之谈。

沧海桑田之变，不仅仅发生在我国沿海。位于欧、亚、非三洲之间的地中海，历史上就曾经是一个比现在大几百倍的喇叭形大洋，而这片大洋也曾一度干涸为陆地。

古地中海不仅覆盖了整个中东以及今天的印度次大陆，就连中国大陆和中亚地区，也几乎全被古地中海浸漫。距今800万年前，地中海面积缩小。那时候地中海气候干燥炎热，风急沙多，蒸发量大，海水逐渐减少。到700万年前，海水基本全部被蒸发，地中海变成了一个荒凉的山间谷地，赤地千里，风沙滚滚，十分凄凉。

　　沧海变桑田，或者桑田变沧海，变化的原因很多，如泥沙的大量堆积或地面的隆起与沉降，海平面的升降，等等。我国的"黄东海大平原"的出现是地球气温下降造成的。气温下降，海水结成冰，形成冰山，海平面便下降。历史上曾多次出现冰川时期，所以历史上海平面下降过多次。地中海的干涸则是大陆板块的移动造成的。当两块大陆板块靠拢或碰撞时，它们之间的海洋面积当然要缩小或被封闭了。

生命的发源地

1952 年，美国尤里实验室一位名叫米勒的研究生做了一个有趣的实验。他把玻璃瓶抽成真空，充进一些气体和液态水。这些气体有甲烷、氨气、氢气和水蒸气。据说几十亿年前地球上尚没有生命的时候，大气中就存在这些气体。他在玻璃瓶中放电产生火花。每天人们只看到透明的玻璃瓶里电光闪闪，却不晓得这人在搞什么名堂。

7 天过去了，米勒把瓶内的溶液拿出来进行化验分析。这一分析发现了奇迹：许多构成生命的基本物质——氨基酸被合成了出来！

尤里实验室的发现轰动了全世界。关于生命的起源，历来众说不一。有人认为生命是神创造的，有人认为是直接从非生物中产生的，但这些说法都缺乏实验证据。现在有了第一手资料，这意义之大自然不言而喻了。科学家以此为基础，向我们描述了生命诞生的情景，而这伟大的一幕发生的地点，不是别处，正是在海洋里。

距今30多亿年前，地球并不像现在这样祥和。那时的地球到处有突兀的怪石、陡峭的岩壁。河谷和海洋瞬息万变，地面灼热异常，到处云遮雾障，说不定什么时候就会发生巨大的爆炸，浓烟腾空，雷电交加，海涛狂啸。地球的环境非常恐怖，而且又湿又热。由于闪电的作用，空气中的氢、氮、氨等变成了氨基酸等有机物。这些有机物由雨水带进海洋，于是大海就变成了一池"有机汤"。

"有机汤"中的有机物不是一成不变的。在亿万年的光阴中，蛋白质、核酸等复杂物质逐渐被合成，最终具有繁殖能力的原始生物体产生了。

为了证明大海这一池"有机汤"确实能产生生命，美国一位名叫福克斯的生物化学家又做了一个实验。他把各种氨基酸混合起来，然后加热，发现它们连起来形成了长链，冷却后变成了一些微小的球体——"微球"。这些球体很小，和细菌差不多大，外面还有一层膜。福克斯认为，这些"微球"在某些化学药品的作用下能胀大和缩小，并能"发芽"和分裂，显示出某些生命特征。福克斯的整个实验都是在水溶液中进行的，就是说，"微球"的形成不能离开水的参与。

通过上述实验，事情似乎变得越来越清晰了。像氨基酸、核酸之类的物质，实际上都能从简单的分子反应中生成。这些简单分子向生命转化是有条件的。原始地球有雷电，有压力改变，有紫外线，有高温、高湿的环境，这些都是必要的条件。事情到了这一步，是不是生命起源问题已经解决了呢？不，还不能这样说。

目前人们的认识还是很初步的，甚至可以说，最关键的问题还没有解决。人们已经可以合成氨基酸甚至蛋白质，还可以合成具有部分生命特征的"微球"，然后呢？从"微球"到真正的生命是如何演化的，我们至今还不十分清楚。

海洋中最早出现的生命是什么呢？

科学家说，古菌和蓝藻可能是海洋中，也是地球上较早的生命形式。这样说是有根据的，从地质考察中可以发现足够的线索。例如，在澳大利亚的水成岩中，就发现了类似于蓝藻的单细胞生物，它们存在于36亿年前的地球上。我们知道，地球是46亿年前形成的，也就是说，地球诞生后10亿年，就出现了生命。

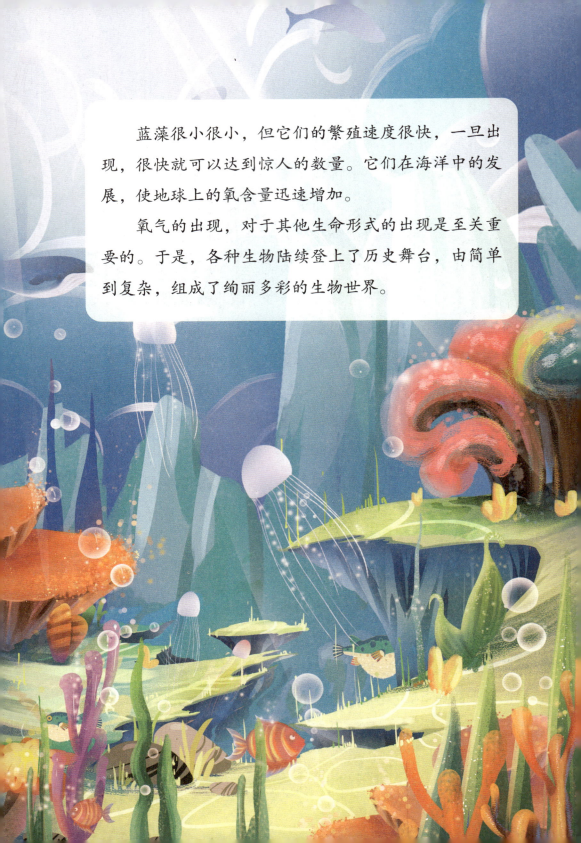

　　蓝藻很小很小，但它们的繁殖速度很快，一旦出现，很快就可以达到惊人的数量。它们在海洋中的发展，使地球上的氧含量迅速增加。

　　氧气的出现，对于其他生命形式的出现是至关重要的。于是，各种生物陆续登上了历史舞台，由简单到复杂，组成了绚丽多彩的生物世界。

达尔文发现了什么

    1835 年 1 月 10 日，英国皇家海军的一艘军舰——"贝格尔"号沿着南美洲海岸向北航行。天气不好，阴雨连绵，北风呼啸。军舰的甲板上看不到什么人。在一间普通的舱室里，一位年轻人正手执解剖刀，对一只乌龟进行解剖。旁边摊开的记录本上密密麻麻记满了文字，还绘有图画。

    此人是谁？他在干什么呢？

    他就是后来闻名遐迩的博物学家达尔文。那年他隐瞒自己身体不适的情况，坚决要求随军舰进行环球航行。当时的军舰远没有现在这样雄伟和稳固，那不过是一艘较大的木帆船罢了。在狂风巨浪中，它就像是可怜的鸡蛋壳。达尔文在颠簸中感到心悸和心痛，但他以顽强的毅力坚持了下来。

    在环球考察中，达尔文对动植物品种的多样化感到震惊。"究竟是什么力量使大自然如此丰富多彩？"

传统的说法是，所有物种都是神创造的，而且各物种都是独立的。物种自从被神创造出来后，就始终没有变化过。这种看法可以简称为"物种不变论"。达尔文看到的情况却并非如此。

在南美洲海岸以西1000多千米的地方有几十个小岛。这些小岛全部是由火山岩组成的。岛上有许多乌龟，所以被称为"龟岛"，即现在的科隆群岛。达尔文在岛上

发现两只乌龟体型巨大，至少得几个人才能抬得动。它们正在吃仙人掌。当他走近时，一只向他凝视了一下，不慌不忙、慢慢走开了；另一只发出深长的嘶叫声，好像在向达尔文发出警告和抗议。当达尔文举起枪向它靠近时，它害怕了，把头缩进乌龟壳里，不动了。

达尔文对岛上的乌龟进行了认真观察，发现生活在干燥地区的乌龟以仙人掌为食，而生活在潮湿地区的乌龟却只吃树枝。不同的岛上居住的乌龟，虽然外形大体相同，但仍有明显区别。查理士岛上的乌龟壳前部较厚，向上卷，好像马鞍一般，而詹姆士岛上的乌龟壳则圆滑平坦。

"为什么相距很近的两个岛上，乌龟的外形和习性有明显不同？"达尔文开始思索这一现象。当然，他一时还找不到答案。

他在对海岛的考察中，又采集了 26 种小鸟，有 13 种地雀引起了他的兴趣。他发现不同岛上地雀的情况正如乌龟一样。在查理士岛上有大嘴地雀，在詹姆士岛上有中嘴地雀。取食方式的不同，导致不同岛上地雀的嘴也不一样。

达尔文思索的结果是，这些火山岛最初形成时，是没有生物的。岛上的生物都是从南美大陆飞来或迁来的。只是不同的岛自然条件不同，于是物种发生了变化，逐渐演化出许多大同小异的品种来。由此他得出结论：物种是可以随着环境变化而演化的。

从1831年起，达尔文乘坐"贝格尔"号进行了5年的环球航行。他收集了大量的动植物和矿物标本。以此为基础，他把在航行中逐步清晰的进化论观点进一步完善，撰写了《物种起源》一书。该书的出版震惊了世界。

达尔文在《物种起源》一书的开头提到，他在"贝格尔"号军舰的航行中观察到的现象，为物种起源的研究提供了重要线索。他写道："当我以自然学家的资格参加'贝格尔'号军舰的环球航行，在南美洲看到了一些关于生物的地理分布和古代与现代的生物之间地质关系的事实以后，我感到非常惊奇。这些事实……以某种程度阐明了物种的起源……"

在大海中航行的人不少，然而并非都能有所发现。看到乌龟、看到小鸟的人不在少数，但很少有人从中悟出"物种进化"的道理来。达尔文的发现说明，只有不畏艰难且善于思考的人，才能登上科学的巅峰。

壮丽的海底峡谷

　　1850年，英美两国想在大西洋铺设一条海底电缆，却找不到一张大西洋底部地形图。那时候，还没有人详细探测大西洋的深度分布。没有图怎么办？两国技术人员遭受了无数的挫折，历经多年总算铺设成功。铺设过程中人们发现，大西洋底部并不是平坦的，中央部分比靠陆地的两边凸一些。为了纪念这次活动，便将这凸起的部分命名为"电报高原"。

　　通过这件事，人们开始对海底的地形产生了浓厚兴趣。1872年，英国军舰"挑战者"号开始了历时3年半的环球航行，每到一处便放下一根系着重物的缆绳，测量海水的深度。这个方法误差挺大，因为受海流影响，绳子有可能弯曲；另外，重物是否触到了海底，也难以准确判断。但不管怎样，这算是第一次系统的海深考察吧。到 1922 年，德国的"流星"号科学考察船又进行了一次考察，这次采用的是回声测深法，准确度大为提高。后来，声呐技术突飞猛进，人们决定对全球海洋进行一次全面考察。这次考察从 1968 年开始，到 1983 年结束，揭开了海底世界的若干奥秘。

人们发现，大西洋的"电报高原"并不是一个无高低起伏的高原，而是一条藏在海底的崎岖不平的山脉。像这样的山脉，海洋中还有许多。大西洋的这条山脉被称为"大西洋中脊"；印度洋也有中脊，是被一艘丹麦考察船发现的；太平洋也有，被称为东太平洋海隆。进一步考察发现，形状有点像 S 形的大西洋中脊的南端和印度洋中脊合而为一。海底的这些山脉的长度超过了陆地上的任何一条山脉，它们的高度可高达数千米，其险峻程度和陆地上的山脉相比毫不逊色。当然，这些大山脉隐匿在茫茫海洋的波涛底下，我们难得一见。

海洋中这些巨大的山脉和陆地的山脉有没有区别？科学家考察后发现了一种奇特的现象，所有的大洋中脊都毫无例外地有一条几百米深的"裂缝"。这太奇怪了，高山中间竟像被人劈了一刀似的。在"国际地球物理年"活动中，各国考察船联合行动，对这条"裂缝"进行测量，结果发现这条"裂缝"的总长度约为6.5万千米，称为"全球裂谷系"。

不仅大洋中脊中有"裂缝"，在离大陆架不远的地方也发现了"裂缝"。这些"裂缝"被称为海底峡谷。

在大陆架的斜坡——大陆坡上，有许多海底峡谷，看上去像一块被厨师切成一片片但还连在一起的蛋糕。有的谷壁状若悬崖，像陆地的峡谷那样陡峭险峻，一直延伸到深海底部。海底峡谷的形状各异，有的呈V形，有的呈U形。有的海底峡谷长达几百千米；有的则和陆地上的某一条河流的流向相吻合，似乎是河流的延伸。

这些壮丽的海底峡谷是怎样形成的呢？科学界意见不一，至今尚未有定论。

有人说，这是陆地上河床的踪迹。他们认为，在地球寒冷的冰川时期，海平面下降。这些"冰河"——就是特大的冰块——沿着斜坡冲下来，以雷霆万钧之力猛烈"剜挖"陆地的表面，造成一条条峡谷。后来，冰川时期结束，地球温度回升，海平面随之上升，这些峡谷便"沉

壮丽的海底峡谷

入"海底。但也有人提出，峡谷是海底的山崩造成的。山崩发生时，充满泥沙的海流会冲出一条条峡谷来。这些泥沙流的速度可达 97 千米每小时，完全有可能在高速滑落时形成峡谷。

多数大陆坡存在海底峡谷，尤其在河流入海口或地质活动频繁的地区。世界上切割最深的海底峡谷之一是巴哈马峡谷，其谷壁高度约 4400 米。这一高度使陆地上所有的大峡谷都"甘拜下风"。还有一条著名的海底峡谷叫哈得孙峡谷，它从哈得孙河河口延伸到大西洋大陆坡。人们常常为陆地大峡谷的壮丽而激动不已，其实，最壮观的峡谷在海底！

盖奥特之谜

即使在今天，人们对海底的认识还是很肤浅的。正因为如此，关于海底的知识也就格外吸引人。

第二次世界大战期间，美国太平洋舰队"约翰逊角"号运输舰上的一位叫哈里·哈蒙德·赫斯的青年军官对海底世界特别感兴趣。他利用职务之便，注意搜集船上的回声测深仪发回的信号。久而久之，他从中发现了一个规律：海底的许多高山顶部都有一个平台！这些高达数千米的山峰好像被人砍去了脑袋。这一发现使他惊诧万分。作为普林斯顿大学地质系的博士，赫斯当然知道这一发现的重要性。他做了初步统计，在太平洋中这样的平顶山有 160 多座。这绝不是偶然现象。他在为这一现象命名时想起了母校，想起了德高望重的地质学教授阿诺德·盖奥特，于是决定将这些平顶山命名为"盖奥特"。他在后来发表的论文中指出，盖奥特有可能是沉没的火山岛，顶部的平台可能是海浪冲击或侵蚀造成的。

后来，又有不少海洋考察船前往太平洋，陆续发现了更多的"盖奥特"。这些"盖奥特"好像是一片被砍伐过的森林，到处留下高低不平的树墩。战争早就结束了，科学家工作起来比较从容。他们用"剪式取样器"从这些"树墩"上"剪"下样品进行化验，发现上面的岩石都是火成岩，从而证实了赫斯的判断。

科学家现在共发现这样的海底平顶山有上万座，大部分分布在太平洋。科学家得到的初步结论是，这些山都曾是海底的火山，它们的高度接近或露出海面。海面附近的海水是最不安分的，不时有狂涛巨浪发生。久而久之，火山的锥顶就被削平了。又过了若干年，由于地质变化，火山下降了二三千米，便成为海底的"盖奥特"了。

这样的分析有着充分的根据。

首先，海底有火山是事实。在南太平洋，夏威夷群岛、科隆群岛、萨摩亚群岛等许多岛屿全都是由火成岩组成的。也就是说，它们都曾经是一座座火山。海底火山有的露出了海面，有的则隐藏在海水里。

有些海底火山现在还在活动着。在海面上偶尔会有"新岛"冒出来。由于地壳变动，有些冒出海面的火山也会陷落，回到海底。举一个例子：在苏门答腊岛附近曾经有一个名叫喀拉喀托岛的小岛。1883年发生了一次剧烈的火山爆发。伴着震耳欲聋的轰鸣，热云冲上高空。据说，巨大的声响一直传到相距2500多千米的澳大利亚。火山爆发的同时引起地震和海啸，高达40米的大浪扑向苏门答腊岛海岸。据称，有3万多人被夺去了生命。几天之后，这场大劫难平息了，但人们发现，喀拉喀托岛也从海面上消失了。后来的调查表明，它陷落到海

底，变成了一个直径 6000 米的圆形洼地。

　　美国的汉密尔顿博士对太平洋中部的两个"盖奥特"进行了详细考察，在其岩石样品中发现了白垩纪生物的化石。这些化石生物的形态和居住在浅滩的生物相同。由此可见，这两个"盖奥特"从前是裸露在海面上的。进一步的研究表明，它们下沉的时间距离现在有 100 万年左右。

海里的火山，有时浮出海面，有时又陷落海底，说明了什么呢？

　　原来，地球不是稳固不变的，它是一个生机勃勃的星球。所谓生机勃勃，不仅仅指其上有生命，还指它本身就是一个活跃的星球。发现"盖奥特"的赫斯博士打了个比方说，洋底就像一块正在卷动的大地毯。随着"地毯"的不断卷动，大陆和海洋的地质结构就必然不断发生变化。

亲潮古陆为何沉没

　　据说，在茫茫大西洋中，曾经有块大陆叫大西洲，上面曾经有发达的人类文明。但这块大陆不知何故突然沉没了。由于沉没得太快，人们来不及逃离，只能听天由命，变成了鱼鳖虾蟹之食；大陆上的所有东西也随之沉入海底，不留一丝痕迹。因而，大西洲存在与否也变成了千古之谜。

　　传说是传说，信不信由你。不过在日本附近发现了一块沉没的陆地，这却是毋庸置疑的事实。这块陆地长200多千米，宽80多千米，是一个中等大小的岛屿。它是什么时候沉没的呢？据分析，其沉没的时间距今已有2200多万年了。现在，这块陆地"躺"在日本列岛以东100多千米的太平洋中，距海面2600米。它的表面已经覆盖了1000多米的沉积物。因为有一股暖流——亲潮暖流从它上面通过，故它被称为"亲潮古陆"。

"沉睡"2200多万年的亲潮古陆是被一艘钻探船"惊醒"的。这一年，科学家联合进行所谓的"深海钻探计划"。许多钻探船在海底打井钻探，取出一段段的岩层样本，用以分析海底的地质结构。日本科学家在海沟附近钻探时，发现一个奇怪的现象：岩层中有一些小石块，这些小石块有棱有角，小的几厘米，大的几十厘米，并且不是一块两块，在厚约45米的地层中都有发现。

　　海洋沉积岩中是不可能有小石块的，小石块只可能在陆地上或海岸附近的浅滩处发现。那么，这些小石块会不

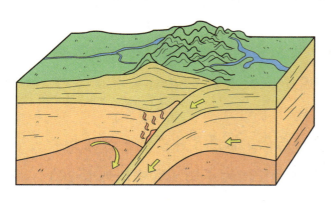

会是从日本列岛上冲到海里来的呢？分析认为这不可能，因为钻探站和日本列岛之间隔着一个很大的沉积盆地，小石块是不可能越过盆地，"升"到钻探地层上来的。科学家立即警觉起来，莫非这海中有一块沉没的陆地？进一步分析发现，在有石块的岩层中找不到海洋生物的化石。看来，这片陆地在相当长的时间内是露出在海面之上的。

　　分析表明，这块古陆确实是曾经浮在海面上的。古陆

的地质年代在渐新世末期或中新世初期，小石块的产生是陆地上的外力或近海的海浪所为。

在第三纪末期，这块古陆就开始下沉了，它的表面便开始有沉积物。到第四纪末期，沉积物已有1000多米厚了。这些沉积物既有火山灰，也有海洋生物化石，还有随冰川漂来的石块。

从这些沉积物的种类看，这块古陆的"命运"够"悲惨"了，从一块阳光普照、生机盎然的陆地，沉到暗无天日的海底，时而有火山爆发，时而有巨大的冰川"光顾"，还有一层层淤泥"前来"，往它身上"糊"一些并不雅观的东西。要不是钻探机发现了它的存在，谁又能想到它有一段"辉煌"的历史呢？

亲潮古陆沉没之前，上面有没有生物，有没有人，有没有高度发达的文明？生物肯定是有的，但没有发现人类文明的遗迹。看来，关于大西洲的神秘传说不适合这块古陆。

这块古陆的沉没原因是什么呢？

我国的"黄东海大平原"也是一块沉没的陆地，其沉没原因是气温的变化导致的海平面的上升。亲潮古陆的沉没是短时间内发生的下降运动，运动幅度达 3000 多米，这种奇特现象用海平面上升显然是无法解释的。

亲潮古陆沉没的原因究竟是什么，科学界尚无定论。比较一致的看法是，这块古陆离日本海沟不远，只有 90 千米，而海沟恰好是地球"板块"的汇聚处。当太平洋板块向欧亚板块俯冲过来时，下面的板块必然受压而下降，同时必然带动附近的地壳下降。沉没的亲潮古陆也许就是板块冲撞的"牺牲品"吧！

亲潮古陆会不会有一天随着地球的"造山运动"而再次崛起呢？这很难说。但人们发现，目前它的处境仍然不太妙，也就是说，它还在继续下沉。

海底的 "地毯"

　　英国著名博物学家达尔文进行环球考察时，他仔细观察从海底挖起的淤泥，发现了一些亮闪闪的小颗粒。达尔文有些纳闷：这些极细的小颗粒是从哪里来的呢？这儿离海岸极为遥远，河流的泥沙是冲不到这儿来的。小颗粒的分布很广，似乎到处都可以找到，在海底的淤泥中有一定普遍性。莫非这些小颗粒是从天而降的？达尔文抬头望向天空，见蓝天如洗，便摇摇头，继续苦思冥想去了。

　　这一天，达尔文登上甲板，发现船上落有一层尘土，其中就有亮闪闪的小颗粒。他恍然大悟："是了，是了！"

　　海底有一层松散的沉积物，这是众所周知的。有趣的是，这些沉积物从海边延伸到大洋底部，依次有不同的颜色：黄色、浅灰绿色、灰绿色、浅蓝色、乳白色、褐色、红褐色，看上去像五颜六色的地毯。

科学家把海底沉积物分为近海沉积、浅海沉积、半深海沉积和深海沉积几种，每一种沉积物都有典型物质组成和颜色特征。大部分海底沉积物来源于陆地。大陆上的山、岭，经过漫长的时期，变成小石块、沙粒和土，在雨水冲刷下进入河流，最后进入海洋，在海底沉积起来。

沙尘进入海洋的途径不仅仅有江河，还有风。风能把陆地上的沙尘吹到很远的地方，包括广袤的海洋。这一点也许有人不相信，但事实确实如此。科学家有足够的证据表明，美国每年有几百万吨沙尘被风吹进大西洋；北非沙漠的沙尘可以被风吹到高空，然后降到欧洲北部的阿尔卑斯山，有些甚至可以飘到美洲，落入大西洋；中国黄土高原的沙尘多次在朝鲜半岛和日本列岛被发现，数量多时还能形成"黄雨"，进入太平洋也是顺理成章的。

除了来自大陆的物质，海底沉积物中还有两种东西，一是海洋生物的遗骸，二是宇宙尘。

在热带或温带的大洋底，有一层沉积物呈乳白色或浅蓝色，这就是有孔虫软泥，里面含有大量有孔虫的遗骸。赤道附近，在水深超过5000米的海底，有一层沉积物是放射虫软泥，其颜色呈

灰绿色。在寒冷的海域中有硅藻软泥，其颜色呈棕黄色。

来自宇宙的"尘土"——宇宙尘有多少呢？据科学家估计，每天大约至少有5吨宇宙尘降落到地球表面。这5吨"尘土"分布在地球表面，可以说是微不足道的，因为地球表面积约有5亿平方千米，平均每平方千米只含有0.01克"尘土"。但是地球的"年龄"已有46亿岁，在这样漫长的时间里积累起来的"尘土"，大约可使地球表面增厚半厘米。所以，海洋深处的沉积物中，宇宙尘还是不容忽视的。

一般来说，从海岸到浅海再到深海，沉积物颗粒越来越小。但是人们有时候发现，在离海岸很远的地方，也有一些较大的颗粒。江河的水流是运送沙石的动力，在离海岸远的地方，只有极小的颗粒才能到达。那么，为什么离海岸很远的地方还会出现大颗粒呢？原来，这里以前也是近岸海域，后来海平面发生变化，这里就变成深海了。所以，从沉积物颗粒的变化可以推断出海平面的变化，从而了解沧海桑田之变。

深海的沉积速率是极其缓慢的，通常1000年只能沉积几毫米。有的地方甚至在相当长的时间内没有沉积，这种现象被称为"沉积间断"，通常与地质活动与洋流变化有关。这些地方离海岸遥远，不受江河影响，火山爆发之类的地质突变现象也没有发生，水流也基本没有，可以称为海中的一片"净土"。如果人类能到那儿去居住，可算是完全脱离"尘世"了吧。遗憾的是，人类向深海移民的技术问题还没有解决，暂时还是不去为妙。

"死水"之谜

在芬兰的民间传说中，有这样一个故事：一艘全副武装的战船出发到海上去。在河与海的交界处，船突然开不动了。兵士们拼命摇橹，船就是动弹不得，好像水下有障碍物一般。司令官派人潜到水下，也没有发现异常情况。大家害怕了，纷纷议论说："这是神的旨意，这场仗是打不得的！"司令官心里也有些发毛，便下令返航。他们上岸后还摆上祭品，感谢神的庇佑。

如果说传说不足为信，那么下面的真实记载就让人难以怀疑了。

1893年，北极考察船"弗莱姆"号从挪威向新西伯利亚群岛进发，在泰梅尔半岛附近遇到了类似的情况。在"弗莱姆"号靠近冰层的边缘时，船突然停止不动了。下面是该船航海日记的真实记载："为了能走上几千米，我们都当上了划桨手，但4个多小时过去了，船几乎一动不动。死水形成的波涛忽大忽小，我们向不同方向转舵，都毫无作用，船只在原来的海面打转。这种情况持续了5个昼夜。"

1965年，美国海军的一艘潜艇在北大西洋遇上了一件怪事。他们下潜至500米处时突然停止。机器设备一切正常，海水中也没有任何障碍，但潜艇就是潜不下去。"又是'死水'在作怪了！"这位艇长叹了一口气。

大海中真的存在能够阻止船只航行的"死水"吗？

著名学者弗里乔夫·南森对"死水"进行了深入研究，他发现所谓的"死水"不过是海水密度和温度发生突变的区域而已。举例来说，如果含盐分较高的海水上面有一层淡水，就会出现这种密度的突变。在一座融化的冰山附近，融化的冰水就会形成一层淡水，覆盖在盐度较高的海水上，这种情况就有可能出现。在两层水的交界处会形成

扰动，当然，这种扰动在海面上是看不见的。正是这种扰动产生一种阻力，使在其中航行的船动弹不得。

大海，看起来是统一的、匀质的，其实不然。就温度而言，有的地方热一些，有的地方冷一些；就含的盐分来说，有的地方多一些，有的地方少一些。因此，海洋中就存在"温度跃层"和"密度跃层"。船在跃层上航行，就会出现遇到"死水"的情况。但多数情况不太严重，只是影响航行速度罢了，船只被完全"黏住"的情况是比较罕见的。

这种"密度跃层"在军事上可以加以利用。当然，利用方式并不是设法把敌船弄到"死水"上，让它动弹不得。人们发现，如果一艘潜艇的上面有这样的"死水"，那它就等于穿上了"隐身衣"。

我们知道，对潜艇来说，特别是核潜艇，隐蔽性至关重要。但它要运动，就得开动机器，就会有声音发出来，而声波在水中传播是很容易的，也很容易被声呐一类的探测器所接收。如果能有一层挡住声波的屏障，那无疑是潜艇最需要的。

"密度跃层"能将声波反射回去，从而增强潜艇的隐蔽性。然而，这个课题的研究难度很大。因为如果潜艇隐身于"死水"之下，发出的声波被封闭住，这固然不错，但同时它也无法探测外界的情况，又如何航行和作战呢？

海上"流浪汉"

　　1912 年 4 月，从英国南安普敦港开出了一艘当时世界上最大且最豪华的客轮——"泰坦尼克"号。此客轮的名字来源于古希腊神话中的巨神族"泰坦"。它载客 2000 多人，有双层船底和 16 个密封船舱。其安全水平在当时是首屈一指的。然而这艘最不应该沉没的轮船，却在其"处女航"时沉没了。

　　事后调查发现，"泰坦尼克"号沉没的原因是它撞上了海上"流浪汉"。这海上"流浪汉"就是冰山。附近的船只曾经提醒过它，在航路上有冰山和漂浮的冰块，要当心，可是"泰坦尼克"号的船长并未在意："不就是漂浮着的冰吗？"

结果，那天深夜，"泰坦尼克"号就和"一块冰"相撞了，一下子撞出了一个大窟窿，导致6个密封舱进水。旅客从睡梦中醒来，被通知准备离船时，许多人不相信危险已经来临，甚至拒绝离船。等到他们明白轮船注定要沉没时，才知道为时已晚……深夜两点，"泰坦尼克"号沉没了。两小时后，救援船才赶到现场。

冰山被称为"山"，其实一点也不错。冰山在海面之上的高度矮的有几十米，高的有几百米；长度有几十千米，甚至数百千米。但海面上的部分只占冰山总体积的十分之一，可见冰山是何等巨大。

冰山是从哪里来的呢？它们来自北极和南极。覆盖南极大陆和北极的冰川，在一定条件下会慢慢滑入海洋中，在风和水流的作用下，形成漂浮的冰山，变成大海里的"流浪汉"。据统计，在北极东部，每年大约有7500座冰山"流出去"；根据飞机从空中的调查，南极东部有3万多座冰山正在漂流中。

1893年，加拿大北极探险船"波尔什阿"号的船员和旅客看到海上有一座冰山。他们想近距离看看冰山是什么样的，便要求船长将船开近一些。可是，就在轮船慢慢靠近冰山时，忽然有一股力量将轮船托了起来。大家吓坏了。好在轮船只是被抬高了，还未发生倾斜。仔细观察，原来冰山有一隐藏在海水里的"台阶"，轮船开到了"台阶"上，冰山突然倾斜就把轮船抬了起来。这可怎么办？轮船搁浅在冰山上走不了。就在大家焦急万分时，冰山又向船的方向倾斜了一下，船又平稳地落入了海水中。船长急令转向，逃离冰山，再不敢和这庞然大物周旋了。

　　冰山在海里能长年累月地漫游，如果水流不把它们带到暖和的水域里，冰山的年龄可达 10 年以上。在风、雾、浪和热空气的作用下，冰山总要慢慢融化，最后变成只有几吨重的"冰核桃"。这些"冰核桃"虽然小，但撞到船上仍有一定危险性。总之，海上"流浪汉"对船舶航行来说没有一点儿好处。

暗礁上的"怪物"

1963 年 7 月 15 日，位于阿拉伯半岛与非洲大陆之间的红海的一块暗礁上，突然出现一个黑色的庞然大物，形状像一只大海星，有几只伸出的"触手"。怪物的出现使海洋动物惊恐万状，纷纷逃离，只有一条长尾鲨不以为然。它凭借锋利的牙齿，径直朝那怪物冲去。然而就在长尾鲨将要冲到其跟前时，那怪物突然睁开"大眼睛"，两道雪白的光柱直射过来。长尾鲨赶紧掉头逃窜。

这"怪物"实际上是一所人造的海底居住设施，或者说是一座海底"旅馆"。这座"旅馆"的建造者是法国著名的海洋探险家雅克－伊夫·库斯托。他给这次人类水下居住试验起了个名字叫"大陆架二号"。

这座海底"旅馆"的设计十分奇特。中央部分是控制室，在控制室周围的 4 个方向上建有居住室，形状颇似一只大海星。居住室又分卧室、准备室、浴室、实验室、冲洗照片的暗室，以及厨房、厕所等，可容纳 8 个人生活和工作。除此之外，"旅馆"还设有通海室。如果你在"旅馆"里面待腻了，想到海底去漫游一番，可以直接从这里出去，乘坐袖珍式潜水钟，最深可到达水深 300 米的海底。这潜水钟就挂在通海室的外面。潜水员从专用通道进入潜水钟内，待中央控制室发出脱钩命令后，就可以开始漫游了。

这次海底居住试验分两个阶段进行。第一步，把这个"旅馆"从船上放下去，吊到一个暗礁上。这里水深只有10 米。潜水员在此暂时居住几天，熟悉一下环境，观察一下海中情况，偶尔也乘坐潜水钟到海中活动活动。第二步，在水深 30 米处建造一所"深海旅馆"。

他们找到一块平坦的礁石，就在准备将"深海旅馆"放上去时，意外出现了。潜水员在海中观察礁石时因视差关系夸大了使用面积。换句话说，它的真实面积要比看到的面积小。"深海旅馆"一放上去，立即骨碌碌地滚了下去。有两名潜水员已住在"深海旅馆"里。其中一名见势不妙，赶紧从通海室的出口逃了出来。另外一名潜水员则跟着"深海旅馆"滚向了深海。当"深海旅馆"撞到水深 42 米的一块大礁石上停住时，这名潜水员已经昏迷不醒了。

住在浅海"旅馆"中的潜水员闻讯后，立即派出潜水钟前去救援，发现除了那名潜水员昏迷不醒，"深海旅馆"的设施还是完好的，于是决定将这座"深海旅馆"就建在那儿。

　　潜水员在"深海旅馆"住了7天，每天工作5个小时，采集了大量海底生物标本，拍摄了许多海底鱼类的生态影像。后来，他们又把"深海旅馆"移到120米深的海底，在那里居住了13天。

　　这次海底居住试验的成功，为人类向海底移民开辟了道路。海底不再是人类的"禁区"。尽管目前普通人到海底旅游尚不现实，但将来总有一天，人类会在海底建造一座繁华的城市，那座城市完全可以和传说中的水晶宫相媲美。

亚历山大的玻璃箱

公元前 3 世纪，地中海附近的马其顿王国出现了一位能干的国王亚历山大。此人对潜水特别感兴趣，常在熟悉水性的人的指导下下海游玩。但人在海水中的潜水深度是很有限的，一般最多几米。即使潜入这个深度，人也累得要命。能不能想个方法，潜得更深一些？亚历山大是个聪明人，他终于想出了一个方法。

这天，亚历山大设计的"宝箱"正式下海实验。大家定睛看时，那"宝箱"不过是一个类似鱼缸的玻璃箱罢了，四周是木头框架，里面可容纳一个人。亚历山大命令在"宝箱"里放入一只小狗，然后将"宝箱"放入水中。过了一会儿提上来看时，那小狗双目紧闭，四腿伸直，死了。当时人们虽然不明白这是缺氧所致，但亚历山大判断是箱内空气不足所致。于是他命令工匠在箱子上钻一个孔洞，装上空心管，让管的另一端伸出海面。这样，狗再被放进去就没事了。而后，亚历山大亲自乘此"宝箱"潜入海中，饱览了海中风光。

这个玻璃箱可算是古代最早的潜水装置之一。后来随着科学技术的发展，潜水器越来越完备，人们开始尝试着向深海进军。

到深海探险，是人类一直以来的梦想。然而，海洋深处历来是人类生活的"禁区"。究竟是什么妨碍了人们的深潜呢？有人说，深潜遇到的困难，比航天员在太空遇到的还要严重。航天员在太空遇到的最大问题是失重带来的不舒服，而潜水员将会遇到更复杂的问题。一是压力太大：我们人体在陆地上只受到 1 个大气压的压力，一旦进入水下，每增加 10 米就会增加 1 个大气压。如果潜入 1000 米深的海底，人要承受比地面多 100 倍的压力，如不进行防护，人体将会被压成肉饼。在这种环境中，人的血液中结合的气体要比陆地多许多倍。假如潜水员从水深 300 米的海底突然升到陆地，血液中的气体就会跑出来，形成气泡，造成严重的血管堵塞，罹患所谓的"减压病"。怎么办呢？人在海底生活一段时间后，必须慢慢减压，逐步适应 1 个大气压的环境。二是氧气不够，氮气多：海水里的氧气非常有限，而且是溶解在水中的，人无法使用。随着潜水深度的加大，人体肺中的氧气越来越

少，氮气却越来越多，而进入血液的氮气会对潜水员产生麻醉作用，使他像醉酒一样失去控制能力。比较合适的气体是氦气和氧气的混合气体。使用这种气体，潜水员可以顺利下潜到几百米水深处。

国际上通常把人的生理条件所决定的最大潜水深度定为 50 米，一般潜水员的海底作业都不超过这个深度。

要想潜得更深，就必须研制各种潜水装备。16 世纪后，适用的潜水装备逐步问世。

意大利物理学家德·洛雷纳设计了一种叫潜水钟的工具，在当时引起轰动。我们知道，如果把一个玻璃杯倒过来，用手指捏住杯底，将玻璃杯竖直地放入水中，杯中的空气就不会跑出来。洛雷纳教授的潜水钟就相当于特大号的玻璃杯，不过其形状像一口大钟而已。他把潜水钟用绳吊着放到海里，把潜水员扣在潜水钟内。潜水员的头和上身在潜水钟内，因而可以呼吸潜水钟内储存的空气；脚则站在海底，可适当行走。据说潜水员在这个潜水钟内可待 1 个小时左右。

这个方法的最大缺点是潜水钟内的空气有限。就算潜水钟内的空气能用 1 个小时，可 1 个小时以后呢？就得赶紧将潜水员拉上来换气。法国物理学家邓尼斯·蓓平提出，可以在潜水钟内加一根通到海面上的管子，然后用风箱对着管子不断鼓气，以解决潜水员的呼吸问题。这一建议很快被采纳了。

这一天在法国的布列塔尼海港正式实验。当潜水钟载着潜水员从海面徐徐沉入海底之后，人们看到只有一根皮管子从海里伸出来，通到海面小船上。船上有两个壮小伙不断地拉着风箱给潜水钟送气。时间过去了两小时，人们把潜水钟拉了上来。潜水员高兴地喊起来："好极了，真舒服！"

潜水员感到舒服的原因不难理解。新鲜空气不断进入潜水钟内，可以把潜水员活动时发出的热量和废气驱逐出去。另外，由于风箱连续送气，潜水钟内的空气压力和海水压力保持了平衡。

20世纪80年代，中国开始了自己的深海探索之旅。1986年，我国第一艘深潜救生艇完成试验，下潜深度达到300米，这标志着我国载人深潜新篇章的开始。

整个18世纪，潜水钟在欧洲沿海地区很受欢迎。它们不仅可用于水下观察和救捞任务，还可充当旅游工具供人们观光游览。后来随着装有电子设备的现代潜水器的问世，潜水钟才渐渐退出历史舞台。

2012年，我国自主研发的"蛟

龙号"潜水器成功下潜至 7062 米，创造了当时中国载人深潜的纪录。"深海勇士号"的最大下潜深度为 4500 米，虽然不及"蛟龙号"，但它具有独特的优势——国产化程度更高，许多关键技术由我国自主研发，且使用成本更低、效率更高。2020 年，我国"奋斗者号"潜水器再次刷新纪录，到达了 10909 米的深度，成功坐底马里亚纳海沟的挑战者深渊。"奋斗者号"搭载了多种先进的科学设备，在马里亚纳海沟开展了多项科学考察任务，采集了深渊沉积物、岩石和生物样本，为研究深海极端环境下的生命演化、地球深部结构等提供了重要依据。

一排点头的"鸭子"

　　有一次，某代表团到英国考察，在一处海边发现了奇怪的景观：沙滩平坦，海浪起伏，浪花飞溅，发出有规律的"哗哗"声；海浪追逐着，轻抚沙滩，似乎是一群顽皮的孩子在母亲身边嬉戏；一排排整齐排列的"鸭子"在海上漂浮着。这些"鸭子"多极了，沿海岸一路排过去，看不到头。"鸭子"好像有生命似的，随着海浪起伏而起伏不已。当海浪冲过来时，"鸭头"的前端便抬起来，海浪过后又低了下去。这一排低头，那一排又抬头，那场面就像在做团体操一样，整齐而美观。

　　"这些鸭子在干什么呢？"有人问。

　　"啊，它们在忙着发电呢！"陪同人员笑着说。

　　这就是英国爱丁堡大学的索尔特教授发明的海浪发电装置，因其外形酷似鸭子，故人称"索尔特鸭子"。它的设计很巧妙。这些"鸭子"实际上是一些带有凸轮的圆管，圆管通过连杆和发电机连在一起。海浪的起伏，带动了圆管的起伏，波浪能转化为液压能，从而驱动发电机发电。这种"浮鸭式波力发电装置"的功率可达到数百千瓦。"鸭子长阵"的长度有数百米。一排排的"鸭子"随海浪起伏运动，形成了海上一道奇特的风景线。

提起海浪，大概无人不晓，它是海水的一种最常见的运动形式。海浪和潮汐不同。海浪是海水表面的波动。当我们看到海浪滚滚而来的时候，并不是海水从远处涌了过来，而只是波形的传播，每一个地方的水都在一个平衡点附近做圆周运动。而潮汐则是海水向某个方向的整体运动。

　　海浪的起因主要是风。当然，海下地震、火山爆发也能引起海浪。海浪天天都有，人们在欣赏之余开始思考能否用它来发电。要把分散在一个个浪尖上的能量集中起来是一件非常困难的事。索尔特教授设计的"鸭子"算是诸多方案中的佼佼者了。

　　海浪是一种无污染的、可持续利用的可再生能源。我国有漫长的海岸线。黄海和东海的年平均波高是1～1.5

米；南海的年平均波高是 1 米左右。大体估算一下，总功率至少有 1.7 亿千瓦。试想，这是一笔多么巨大的财富啊！

当然，也别光往好处想，海浪也有狰狞可怕的一面。

英国著名作家狄更斯在《大卫·科波菲尔》中就描绘过这样的海浪。他写道："当我在狂风中抬起头，那可怕的大海便使我惊慌失措了。当那矗立的水的墙壁滚滚而来时，当它们达到最高峰，又跌落下来时，似乎它们中最小的也足以吞没一个市镇。看吧，起伏的高山霎时变成了深谷，就在孤零零的海燕从深谷中掠过时，那起伏的深谷又变成了高山。当一些白头的巨浪轰然向前，在到达陆地之前撞成粉碎时，每一碎片都包含愤怒的力量。它们不肯罢休，立即合成新的怪物，继续轰然向前。我看到天地在破裂，在被无情地掀起。"

航海者对这样的描述是很熟悉的，历史上不知有多少船只在惊涛骇浪中沉没。据说，世界最大的海浪出现在 1958 年 7 月 9 日。北美阿拉斯加的利图亚湾因耸立在海岸的山脉发生山崩，激起高度达 520 米的巨浪，比美国最高的摩天大楼还要高 100 多米。这样高的海浪是罕见的，但几十米高的海浪却司空见惯。想和大海打交道，必须学会搏击狂风巨浪。

铁锅上的海绵

　　海里的盐虽是一种资源，但对航海的人不见得是好事。海水又苦又咸，喝不得。航海前人们必须带足淡水。有时遇到意外，淡水用光了，麻烦就来了。

　　据说2000多年前，一艘古希腊的渔船在远海航行中遇到了淡水耗尽的麻烦。淡水用光了，船员们一个个渴得要命，嘴唇都干裂了。他们环顾四周，虽然水有很多，可都是海水。他们望向天，希望能下点儿雨，可天上赤日炎炎，万里无云。甲板的一个角落里有只铁锅，锅中沸腾的海水里几条鱼已被煮得稀烂。没有一个人想去品尝。就在大家被干渴折磨得近于绝望的时候，有一位聪明的小伙子想出了一个主意。他把一块海绵用绳拴起来，吊在铁锅顶上，让蒸汽熏蒸。过了一会儿他把海绵取下，放在嘴边使劲挤了几下，几滴水便落进了嘴里。小伙子舔着嘴唇，兴奋地大叫："啊，好甜的水啊，简直是甘露，甘露！"

海水淡化的一个基本方法就是蒸馏法。蒸馏海水，水蒸气再凝结成水，脱掉了盐分，就可以饮用了。这位小伙子也许是海水蒸馏术的最早发现者，可惜他的名字没有流传下来。现在许多缺水的国家用此法从海水中提取淡水。他们用石油或核能作为能源，建造大的锅炉，能成千上万吨地生产淡水。如科威特的工厂，用石油作为燃料，可日产淡水20万吨；以色列的工厂，用核能作为燃料，日产淡水38万吨；美国纽约建造的一个日产100万吨的核能

海水

淡水

蒸馏器，可能要算此类装置的"老大哥"了。这个方法从经济学的角度看不大合算，因为蒸馏1吨海水要耗费5亿卡的热量，相当于燃烧掉100多千克煤，何况还有别的费用呢。然而，水对于某些地区的人来说太重要了，贵点就贵点吧！现代化的大轮船上也有不少配备了海水淡化装置，必要时便可启用，不必再用海绵来获得少得可怜的"甘露"了。

海水淡化的方法很多，其中一个有趣的方法是冷冻法。人们发现，海水结成的冰中盐分含量很低。只要让海水结冰，然后把冰捞起来，让冰融化，就能得到淡水。这个方法看起来简单，但实施起来并不容易。让海水降温至能够结冰，同样要消耗能源，还要有一套冷冻机之类的设备。于是又有人提出，能不能利用海里现成的冰来获得淡水呢？

在地球的南极和北极附近，有很多大小不一的冰山。可以设想，如果用一条钢丝绳把冰山拴好，系在一艘大马力的轮船后面，然后拖着走，哪儿缺水就拖到哪儿去，问题不就解决了吗？这个想法听起来像天方夜谭，但从理论上讲并非不可行。有人做过计算，从南极附近拖一座不是很大的冰山到美国的洛杉矶，一年时间足够了。路上冰山大约融化掉一半，还能剩一半。据说，费用也不是很高。

这一半冰山仍可满足全市1个月的淡水需求。一年拖个十来座冰山，水的问题就解决了，岂不妙哉。

但这个方案至今尚未实施，其原因一是具体怎么拖，还有不少技术难题要研究解决；二是大概陆地上还有淡水可用，没有严重到非拖冰山不可的地步。这毕竟是一件复杂且麻烦的工程。

其实，自然界有一些海水淡化方法既简单又有效，而且不用花一分钱。

考古学家在俄罗斯黑海沿岸曾发现一些小喷泉。这儿是有名的地下水缺乏地区，喷泉的水来自何方？人们追根寻源，发现喷泉底下有一条曲折蜿蜒的水道。顺着水道再往上找，找到了一大堆乱石。乱石能产生淡水吗？经过一番研究，谜底找到了。原来，海边的空气就是水源。白天，当海风吹过这些乱石时，乱石周围的空气变得潮湿。晚上，石头变凉，湿气就会凝结成水珠。水珠下滴，流入水道，在低洼地区便形成喷泉。据估计，这套系统每昼夜可生产淡水70多千克。这一巧妙的产水装置是谁建造的？它发挥过多大的作用？后来为什么被荒废了？这就不得而知了。

南极之谜

早在古希腊时代就有人提出，在地球的最南端应该有一片大陆。当时没有可横渡大洋的船只，这种看法仅仅是一种推测。

谁是最先发现南极大陆的人呢？这个问题有些复杂。俄国人、美国人和英国人都宣称是他们最先发现的南极大陆，争论异常激烈。加入争论行列的，还有法国人和挪威人等。尤其是在南极大陆发现矿藏等宝贵的资源后，各国更是争论得不亦乐乎。根据谁发现谁就拥有主权的惯例，这件事情非同小可。

1959 年召开了一次关于南极的国际会议，各国签订了《南极条

约》。该条约的中心意思是先不要争论南极的归属，应优先合作进行考察和开发。

南极洲是个很奇妙的地方。它的面积约为1420万平方千米，占世界陆地总面积的9.5%。这块陆地基本上被冰雪覆盖。那里是地球最冷的地方，1983年苏联东方科考站测得地面最低气温为零下89.2℃。那里经常刮着可怕的暴风雪。平均风速为每秒17~18米，最大风速可达每秒90米以上。那里不像地球上其他地区，有春、夏、秋、冬四季，而只有暖、寒两季：4月至10月为寒季，11月至次年3月为暖季。大部分南极考察活动集中在暖季，寒季仅少数科考队保留越冬团队。在南极点附近，寒季为连续的黑夜，暖季则为连续的白昼。换句话说，在南极点附近"一昼夜"就是一年，够奇特吧！

说到南极点，得讲讲向南极点进军的两位英雄。一位是挪威人罗阿尔德·阿蒙森，一位是英国人罗伯特·福尔肯·斯科特。他们分别率领一支探险队，于1911年10月向南极点进发。斯科特的探险队有65名队员，带着15匹马和33只狗，还有两部摩托雪橇。他们越过冰峰，跨过冰缝，一步步接近南极点。然而，南极的气候太恶劣了，暴风雪连续刮了79天，马匹全部被冻死了。他们只好依靠剩余的狗拖着雪橇继续前进。当斯科特到达南极点时，他却发现那儿已经搭起一顶帐篷，一面挪威国旗在帐篷顶上飘扬。显然，阿蒙森抢先了一步。

斯科特太不走运了。他们在归途中又遇上了连续57天的暴风雪。在寒冷和饥饿的折磨下，他们全部倒下了。一支搜索队后来在帐篷里找到了他们的遗体。

虽然斯科特在和阿蒙森的"竞赛"中失败了，但人们仍然很敬佩他。为纪念最早征服南极点的人，美国南极点科学站被命名为阿蒙森－斯科特科学站。

南极有许多谜团。

因为覆盖着几千米厚的冰，南极洲表面究竟是什么模样的，人们不得而知。

科学家在南极洲发现了一种古老的舌羊齿类植物化石。这种植物生活在距今1.5亿年前，因地壳运动被埋入

地下，最终变成了化石。

另外，人们在南极洲还发现了煤矿。

植物化石和煤的发现说明南极洲并非一直如此寒冷。在历史上，它曾经是很暖和的，否则怎么会有森林变成的化石——煤呢？

除了植物，人们在南极洲也发现了一些动物的化石。经过鉴定，这是一种生活在 3 亿年前的啮齿类动物。这里还发现了生活在约 2.5 亿年前的水龙兽化石，而这种动物的化石在南非、印度和我国新疆也有发现。这说明南极洲曾经和这些地区连在一起。看来，大陆确实发生过漂移。

南极洲独特的极端气候、广袤的冰盖、丰富的海洋生态系统以及未受人类活动干扰的环境，为科学家提供了得天独厚的天然实验室。神奇的南极洲吸引着一批又一批探

险家和科学家，他们将揭示南极之谜。

迄今为止，已有 30 个国家在南极洲建立了 150 多个科学考察站，开展长期或季节性的科研活动。中国作为南极科学考察的重要参与者，也在南极建立了五个考察站。1985 年 2 月，中国首次在南极洲的乔治王岛建立了长城站。1989 年 2 月，中国又在南极洲的东南极大陆建立了第二个科学考察站——中山站。2009 年 1 月建成第三个科学考察站——昆仑站。2014 年 2 月建成第四个科学考察站——泰山站。2024 年 2 月 7 日，中国第五个科学考察站——秦岭站正式开站。这一新站的建设标志着中国南极科考事业迈上了新台阶，将为全球南极科学研究贡献更多中国智慧和中国力量。

随着科技的进步和国际合作的深化，南极洲的科学研究将继续为人类认识地球、保护环境提供重要的科学依据。